前橋学ブックレット❽

速水堅曹と前橋製糸所
－その「卓犖不羈」の生き方－

上毛新聞社
BOOKLET

目　次

第一章　学び　　　　　　　　　　　　　　　　4
下級藩士の息子／「顔回」になる／徳川斉昭との遭遇

第二章　藩士として　　　　　　　　　　　　　11
家老・下川又左衛門／公事ニ生糸ニ関スルノ始ナリ／百万の富人を百万人つくる／日本で最初の器械製糸所／全国からの伝習生／二本松製糸会社／製糸改良基礎ノ意見書

第三章　国の官僚として　　　　　　　　　　　29
内務省入省／富岡製糸所の調査／フィラデルフィア万国博覧会／大久保利通と殖産興業／地方巡回指導

第四章　富岡製糸所長として　生糸直輸出　　40
富岡製糸所長／製糸所の改革／同伸会社の創立／岩倉具視／富岡製糸所の堅曹貸与と廃業阻止／ふたたび富岡製糸所長へ／製糸所払い下げ処分／富岡最後の日

第五章　伝える　　　　　　　　　　　　　　　68
後進の指導／最後の仕事／三国一の父・晩年

年表　　　　　　　　　　　　　　　　　　　　77
あとがき　　　　　　　　　　　　　　　　　　80
創刊の辞　　　　　　　　　　　　　　　　　　82

第一章　学び

下級藩士の息子

　群馬県民に親しまれている上毛かるた―。その「け」の読み札は「県都前橋　生糸(いと)の町」である。これは前橋のまちを端的にあらわすいい読み札だとおもう。

　しかし、私は、それならば「に」の読み札が「日本で最初の　富岡製糸」ではなく「日本で最初の　前橋製糸」であったらよかったのにとひそかにおもっている。日本で最初の器械製糸場は、富岡ではなく前橋製糸所であったのである。

　前橋市の中心を走る国道17号の住吉1丁目の交差点のところに石碑があるのをご存じだろうか。1961年（昭和36）に前橋市と前橋商工会議所によって建てられた「明治三年日本最初の機械製糸場跡」の記念碑である。20年後、国道の拡張のために記念碑は分断されて、現在は石碑の上にあった糸枠と提糸のついた街路灯は広瀬川にかかる厩橋のたもとに移されている。

　その地より西に1キロほど入った大渡町の風呂川沿いには、同じく前橋製糸所の碑がある。こちらは「日本最初の器械製糸場　藩営前橋製糸所跡」の碑である。

「明治三年日本最初の機械製糸場跡」の記念碑

2010年(平成22)12月に有志によって製糸所開設140年を記念して建てられた。

この日本で最初の前橋製糸所の創設に尽力したのが、速水堅曹である。富岡製糸場の開業より2年も早く器械製糸場をつくった男。いったいどのような人物なのか、まずは出自から述べていきたい。

速水堅曹は江戸時代、アメリカ使節のペリーが来航する14年前の1839年(天保10)6月13日、川越藩士速水政信、母松の三男として、入間郡川越赤座上ノ方(現・埼玉県川越市西小仙波町)に生まれた。速水家は、越前松平大和守家の初代から仕える家臣であった。転封の多かった大和守とともに速水家は越後、姫路、日田、越後、白河、川越と移動している。徳川時代の武士の家柄というのは、長く仕えていても厳格な階層で固定されていて、決して下級武士が中級にあがることはなかったといわれる。200年近く仕えた速水家も例外ではなく、実直に何十年とひとつの仕事をこなしても昇進ひとつままならなかったと速水家記録『速水家累代之歴史』にある。

堅曹は生前、川越の妙善寺にあった先祖の墓を建て直すとき、曾祖父の政吉、祖父の戌信、父の政信それぞれに和歌を詠み墓石に刻む。

「藩営前橋製糸所跡」の碑

・詠政吉君　　　　　　堅曹

　　武士(もののふ)の　大和(やまと)心を　家の子に

　　　　　　つけとて君は　教(おし)えおきけむ

・詠成信君　　　　　　堅曹

　　咲初(さきそ)むる　花とや言わむ　君はしも

　　　　　　いとめつらしき　勲(いさを)たてけり

・詠政信君　　　　　　堅曹

　　世の人は　常盤(ときわ)とも見す　夏山の

　　　　　　青葉に混しる　松のひと木を

　これらの歌からは、堅曹の先祖を敬う気持と武士の精神をしっかりと受けつぎつつ、一抹の悔しさをにじませていることがわかる。

　堅曹は10歳の時、父政信が病で亡くなり家督を相続した。幼少のため俸禄は3分の2とされ、わずか4石6斗7升2人扶持となり、赤貧のなかでの幼い当主の生活がはじまった。

　堅曹には兄1人と姉2人がいた。父が亡くなった時、兄鎮太郎（後、新平）はすでに川越藩士の桑島家に養子に行き、長姉の梅も同じ川越藩士の遠藤家へ嫁いでいた。残された家族は母の松、次姉の鈴（後、鷹子）と堅曹で、とにかく生活が厳しく内職に励んだとある。内職は10年間にも及び、21歳まで続けている。いったいどんな内職をしていたのか。川越は江戸時

代から織物の盛んな地で、母は「機織ニエミ」であったと書かれ、姉は近隣に機織りを学びにいっている。女たちの内職は機織りが多かったのであろう。それを間近でみていた堅曹は、後年、生糸の仕事についた時、その知見がどれほど役に立ったことだろうか。堅曹自身も内職で女子のやる機織りをしたかもしれないが、能筆であったので筆耕なども考えられる。

そのように貧しい生活であったが、母のお陰でなんとかやっていけたと堅曹はいう。「唯母ノ賢ニシテ能内外ヲ勤メタルヲ以、細煙ヲ立ツルノミ」と日記に綴られている。母の松は武士の娘ではない。川越の城下からさほど遠くない入間郡藤倉村（現・埼玉県川越市藤倉）の名主、橋本勘右衛門の末娘である。橋本家は今もその地にある。当時から村の中心であった天祖神社の隣に位置し、人の往来する通りに面している。現当主は、戦後まで敷地内には3棟の蚕室があり、養蚕も行っていたと語る。当主夫人によると、「昔は通りに面したところはお茶屋をやっていて、皆ここで休憩して骨董を売買したりしていた、と聞いている」と話してくれた。「賤家ニ生レ」と堅曹は書くが、母は歴史を好み、儒学の古典『大学』を暗誦するほどであった。

松は長命で、1880年（明治13）に80歳で亡くなる。堅曹は葬儀の日の日記に「母ノ徳タル甚感ス（中略）末期ニ至ル迄子供等ニ適切ノ教誡ヲ成セリ、寔ニ神女ト云ヘシ」と記し、みずからの母を「神女」とさえ形容する。堅曹は母の薫陶を十二分に受けて育ったといえる。

「顔回(がんかい)」になる

　堅曹は貧しいながらも母のすすめで勉強をつづけ、幼少時に温厚篤実な良師とめぐりあう。川越藩士の大屋京介である。家禄は12石3人扶持で速水家と同じ下級藩士であるが、堅曹が生涯でただ1人「師」と仰いだ人物である。

　大屋京介のもとに通い出したのは堅曹が12歳のときである。幼い頃は両親や親戚に「手跡」や「書物」を習い、長じて近所の得意な分野をもつ藩士のところへ行って勉強を習った。大屋京介のところでは「書物」を習った。その頃の堅曹は友達に書物の素読を教えるほどに上達していたが、大屋のところでは何を学んだのだろうか。堅曹の書き残した自伝「六十五年記」に詳しく書かれている。

　堅曹は大屋に「人はこの世に生まれて、どのようなことをするのが貴いのか、またどんなことをするのが最も為しがたいのか」と尋ねた。大屋は「人間の第一は聖人であり、最も為しがたいのは孝悌忠信に基づいて人間の道を非の打ちどころなく行うことである、例えば顔回のように」と答える。顔回とは孔子の高弟で、貧しいながらも学を好み、徳行にすぐれた人物である。その聡明さは「一を聞いて十を知る」といわれた。堅曹は自分のような貧しい境遇でも学問に励み、徳を積めば聖人になれるとおもったのであろう。「必ず顔回になる」と誓ったという。

　そのようにあえて困難な道を歩んででも、徳を行い、人のために生きるような人間になりたいと願う堅曹に、大屋は文学の枝葉などにこだわるよ

うな学問をしてはいけない、実学を学びなさいと教える。実学とは空理空論ではなく実践の学問である。大屋のもとに日々通い、日常の事柄を「始ヨリ講釈ヲ不聞、専ラ実学ヲ好ミ昼夜頑味ス」と、最初から講釈を聞かないでその意味を考え、必要ならば尋ねて教えてもらうという、自分で考え抜くことを学んだ。「頑は翫」と、こだわることは楽しいと日記に書いている。それが堅曹の物事を考察する基本となった。

　一方、堅曹は算術も得意であった。算術の会で年長の子に妬まれて大げんかになったエピソードが残っている。

　こうして学んでいた堅曹は1852年（嘉永5）11月、数え14歳となり元服をした。一人前の武士となった彼は、「十一月廿六日　自分筆墨ヲ以大取次所エ見習ニ出ル」とはじめて城にあがって仕事をした。城内の夜の泊り番である。「俗ニ之ヲ狸番ト云、無役ノ者ノ勤ナリ」と冷めた表現で「広太ノ座敷続ニシテ夜中無人静粛タリ寂々タリ」と日記に記している。今も残る川越城の広大な座敷に座ると、自分の筆墨だけをもち登城した幼い少年藩士が、夜中に緊張と寂しさで身を固くして座っていたのではないかと思いがめぐる。速水堅曹の武士としての初出仕である。

徳川斉昭との遭遇
　さて、堅曹7歳の時の日記には「相州ニ異国船来ル」とある。この時親藩である川越藩は黒船来航に対し相模湾沿岸の防備を担当させられ、堅曹

の義兄が出かけている。それから10年がたち、浦賀沖に頻繁にやってきた外国船は江戸湾まで進航してくるようになった。

　幕府は防衛策として大急ぎで品川沖にいくつもの台場の建設をすすめた。川越藩は第1台場の警衛を割り当てられた。初登城から2年が過ぎた堅曹も、4カ月間の御台場詰めを仰せつかり、高島流の炮術や火薬の製造を学び準備をした。いよいよ1855年（安政2）3月川越から船で江戸高輪の御台場にむかった。堅曹は日々炮術の稽古に励んだ。

　現在、第1台場は品川埠頭に埋め立てられてしまったが、当時6つ造られた台場のうち、第3台場が「お台場海浜公園」として残されている。石垣積みでつくられ、周りは土塁で高く囲まれて、いくつもの炮台が置かれている。真ん中の広い窪地には火薬庫、休息所などが配置されている。実戦にそなえたこのような場所で少年藩士の堅曹は走り回っていた。

　御台場勤めも2カ月が過ぎた6月、川越藩主松平直侯の実父であり、幕府の海防参与であった徳川斉昭と水戸藩主徳川慶篤が視察に訪れた。堅曹は御前で80斤の大炮の試し撃ちをすることとなった。試打のあと、斉昭からは「一段の事なり」とお褒めの言葉をいただいたのである。自藩の藩主にもお目見えできない16歳の少年にとって、さらに高見の斉昭からの賞辞はたいへんな名誉と喜びで、深く心に刻まれるできごととなった。

　後年、堅曹は蚕糸業界の雑誌に連載した自伝にも、抜粋した日記にもこの事実を書いている。それは自分にとってこの体験がその後の人生に大きな意味を持ったことを示唆している。新しい西洋の武器を使うことは国の

未来につながると感じ、彼が西洋化に目覚める萌芽となったと考えられる。すなわち堅曹がのちに製糸の器械化を誰よりも真っ先にはじめることにつながっていくのである。

第二章　藩士として

家老・下川又左衛門

　堅曹は23歳の時「始メテ衆ノ望ムー役」という「御賄手伝横目兼帯御頼勤」に就くことができた。この前年1861年（文久元）に藩主松平直侯が亡くなり、久留米藩主有馬頼徳の五男直克（なおかつ）が第11代藩主となる。直克は1864年（文久2）10月、政事総裁職を任命され幕政に参与するかたわら次々と藩政改革をおこなった。1867年（慶応3）には、横浜開港後驚異的に売れた生糸で潤った前橋の生糸商人たちの財源を後ろ盾にして、念願の前橋城の再築を果たした。藩は川越から前橋に移り前橋藩となった。

　堅曹は身分的には下級藩士であったが、この頃から徐々に頭角を現した。その一因として家老の下川又左衛門の存在があったのではないかとおもわれる。

　下川又左衛門は川越藩の筆頭家老であり、その先祖は戦国乱世の時代に活躍した肥後熊本城主加藤清正（きよまさ）に仕えた重臣である。清正がもっとも信頼

をおいていた一人といわれる。1611年（慶長16）に清正が亡くなったあと、その子忠弘に仕え肥後5大老の1人に数えられた。下川家は代々又左衛門を襲名する家柄である。

　1632年（寛永9）加藤家がお取り潰しになり、下川家は越前松平家の初代直基が姫路城主のときにその家臣となった。以来、代々藩の家老を務める。速水家とは堅曹の姉、梅の再婚が「下川太夫ノ薦メ」という記録があり、何か深い因縁を感じさせる。

　堅曹が藩内で頭角をあらわすきっかけになる記事が、1866年（慶応2）の日記にみることができる。

　　六月三日　　下川君藤倉村ニ遊歩ス、予兄弟及家内中行、仙次郎ノ宅ナリ

　　七月一四日　前橋移転ノ命ヲ受、予シメ稲葉ト兄ト三人ニテ密事ヲ謀、君益ヲ為ントノ熱心ナリシカ、七月頃ヨリ深密ノ策愈就、君上エ建白ス、大ニ感セラレタリ

　下川又左衛門が堅曹の母の郷里、藤倉村の実家（仙次郎の宅）を訪れ、そこに堅曹はじめ速水家一族が行っている。これは何を意味するのであろう。季節的にいえば、春蚕の時期である。この下川の藤倉村訪問のすぐあとから、前橋へ移転の命令をうけて堅曹が兄やいとこの稲葉と「密事を謀」り、相談をして、はじめて君主に建白をした。君主は大いに感心された、

という。

　堅曹たち速水家一族の藩士は桐生、足利、結城、銚子へ行くご内用をするようになる。内用先の地域からいえることは、機織産地である。生糸の生産、絹織物業と流通網を藩として掌握することが、いかに藩の利益をあげることにつながるかを証明することが課題であったといえる。同時に建策した郷兵取り立ての件も取り上げられてその担当になる。それらは、執政や参政からの指示で行われており、7月14日の建白を機にして、あきらかに藩の重役から目をかけてもらえるようになったことがわかる。

　慶応3年から4年の頃、藩内は多事多難で「昼夜無寸暇（ちゅうやすんかなし）」というほど混乱を極めていた。そのなかで堅曹は地道に、しかも機転をきかせ仕事をこなしていった様子がうかがえる。

　このような一連の仕事ぶりは認められ、堅曹は1868年（慶応4）8月に「郷兵取扱掛リ勤中炮隊」の命をうけた。炮隊はお目見え以上の役職で、堅曹は速水家7代、200年にわたる悲願であった「お目見」を、9月1日に果たした。明治に改元される直前のことであった。

公事二生糸二関スルノ始ナリ

　さて、1859年（安政6）の開港後横浜市場を席巻していた「マエバシ（Mybash）」の生糸で、1866年（慶応2）はじめに藩の上層部は財政立て直

しをはかろうと、売込み問屋を横浜に開くことを発議した。1868年（明治元）10月17日の堅曹の日記は「御内用ニテ横浜行ノ命ヲ受本日出立ス、是則公事ニ生糸ニ関スルノ始ナリ」と記されている。藩の生糸の仕事で横浜に行くことになり、生糸売込み問屋の設立担当者に抜擢されたのである。「公事」ということはすでに隠密で関わっていたことが「公」になったことを示している。すなわち、たびたびの「ご内用」の仕事がこれであった。早速横浜へ行き神奈川県知事の寺島宗則や上野景範大属らに相談をして開店準備をはじめた。

　藩の売込み問屋をつくるということは、まず一番の関門は前橋の生糸商人たちの協力をとりつけることであろう。生糸で莫大に儲けた資金で藩を川越から前橋に移させた商人たちである。彼らを説得できるか否かが成功の鍵を握っている。堅曹は翌年2月に前橋の生糸商人22人に評議を尽くさせ、一致して了解させたという。かつて郷兵をまとめたり、勤皇の趣意を領地の民に説諭したりした手腕が評価されたのであろうし、それを期待されての抜擢でもあったことがうかがえる。

　このようにして1869年（明治2）3月末日、横浜本町2丁目の郡内屋跡に前橋藩の生糸売込み問屋「敷島屋庄三郎商店」を開店させた。

百万の富人を百万人つくる

　次に堅曹がとりかかったのは生糸取引を実際に試してみることと、東北地方の生糸の状況を調査することであった。武士が商売のイロハを知らな

いのは当たり前であったのだが、母の実家が茶屋や養蚕をして、ましてや、内職に日々を費やした青年時代を経験した者にとって、商売のいくらかは知っていたかもしれない。売込み問屋を開業させてから2ヵ月後の1869年（明治2）5月に養蚕の盛んな福島地方へむかって出発した。

　まず松平大和守家がかつて治めた白河（現・福島県白河市）に寄り、2代直知（なおのり）、3代基知（もとちか）の藩主の墓参りをした。武士としての堅曹の姿である。現在も奥州街道沿いの白河の町の南に位置する小南湖（しょうなんこ）の先にその墓はある。堅曹が訪れたのは戊辰戦争が終わった直後であり、町のいたるところにまだ戦いの傷痕がくすぶっていた。

　最初のひと月は東北の流通の要である福島市で「生糸の商法」をおこなった。この地は近江商人らが活躍しており、のちに製糸業に関わる小野組もあった。商いのかたわら、それらの人物に「面会し国家有益の議論」をしたとある。後半のひと月半は二本松の近くにある小浜（おばま）（現・福島県二本松市小浜）の麹屋に逗留した。小浜は二本松から10キロほど東方にある養蚕や生糸生産の盛んな地である。麹屋は現在も二本松市小浜に続いている「糀屋」のこととおもわれる。現在14代目の松本泰吉氏が衣料品小売業を営んでいるが、堅曹が訪れた1869年（明治2）は「生糸蔵をはじめ6棟の蔵を所有し、あらゆる商品をあつかう万屋（よろずや）として全盛期を迎えていた」と語ってくれた。『岩代町史　第二巻』によると、糀屋は1862年（文久2）の糸方帳に生糸買入れ総額が1950両という記録が残っているほど、生糸取引を手広く営んでいたことが分かる。糀屋には客人を泊める蔵もあったという

から、堅曹がここに逗留したのは間違いない。

　しかも『岩代町史　第一巻』には「（明治2年）7月20日前橋藩の速見堅曹が小浜に来て、海外貿易最大の生糸製産(ママ)調査を行う」とある。しかし、二本松の人びとは戊辰戦争の混乱からまだ立ち直れず、そのような「新政府の開物成務・殖産興業の動き」にたいして藩として小浜としても対応しなかったと書く。それどころか、堅曹の日記によれば、二本松藩士は堅曹に姦計をする有様であった。

　そのような状況のなかで堅曹は数10箇の生糸を買い入れて戻り、それをすぐに横浜で売ってみた。すると莫大な利益を得ることができた。堅曹は、この享利は個人の生活を潤すのではなく、世の中の人のために活かすべきだと考えた。「人間纔か五六十年の期を以て私利に汲々たるは野鄙なり、又百萬の富を得るも易からず若くは一生の間之れを得るとするも僅かに百萬を子孫に残すのみ、若かず衆人を富ましめ百萬の富人を百萬人作らんにはと決心」した。たかだか人生5、60年の間に私利に汲々とすることはいやしい。百万を得ることはたやすくはないが、一生でそれを得ても、わずかに子孫に残すのみ。ならば百万の富人を百万人つくろうと決心した、という。

　このことは藩や藩主のために命をかけて仕事をする公事を重んじていること、さらに、私利に汲々とすることがいやしいこと、「野鄙」であるとみなして蔑んでいる点で武士の価値観といえる。だが、堅曹は私利でなく公事につながる「百萬の富人を百萬人作らん」という価値転換をはかって、それが彼の志となり、「それ以降更に私利を顧みず、公益に力をつくすこと

につとめた」のである。

　福島から前橋に戻ってすぐに堅曹は東京に呼び出された。この頃前橋藩はジャーディン・マセソン商会である英一番館から船を購入した。その代金12万5千ドルの1回目の支払い（2万ドル）が迫っていた。しかし資金調達ができないため、なんとか解決できないかと藩の上層部は堅曹を呼び出した。船の購入を決めたのは家老の下川又左衛門と藩医の松山不苦庵であった。ひとつ間違えれば藩の存亡に関わる緊急事態である。堅曹はすぐに横浜へ飛んで行き、英一番館を相手に裁判をおこした。「必死苦心日々裁判所ニ行、又外国人ト争ヒ」「苦心ヲ重子必死ノ心配セリ」と、寺島宗則や井関盛艮（いせきもりとめ）、大蔵少輔の伊藤博文（いとうひろぶみ）ら中央の官僚たちの助けをかりて裁判に臨み、1万6千ドルのキャンセル料を支払うことで決着させた。
　1869年（明治2）10月から年をまたいで翌年3月までの半年間にわたる過酷な裁判であった。この藩の重大案件を解決したことで、堅曹は藩のなかでいっそう一目おかれ、重用されるにいたる人材となっていった。

日本で最初の器械製糸所
　裁判を終わらせると堅曹は横浜居留地で生糸に関する情報収集に励んだ。甲90番のスイス領事館でロンドンの生糸相場表を見せられた。堅曹はイタリアとフランスの糸が日本の生糸のおよそ倍の価格で売られている事実を知りたいへん驚いた。どうしたらそのような糸をつくれるのかと領事のシ

イベルに尋ねると、彼はその価格は日本の糸の原質が問題ではない、製造と売買上によるものだから、教師を雇って製糸を学びなさいと言った。堅曹はその手段を詳しく問いただし、神戸にいたイタリアで13年間生糸製造の教師をしていたスイス人のミューラー（Caspar Müller）を探し出した。

藩は4ヵ月契約1,200メキシコドルでミューラーを雇い入れた。堅曹は上

スイス領事館（甲90番シイベル・ブレンワルド商会）

司の深澤雄象(ふかさわゆうぞう)と前橋の細ヶ沢(こまがさわ)（現・群馬県前橋市住吉町）の武蔵屋伴七宅を借りあげ、ミューラーの指導のもと木製器械三台を造り、1870年（明治3）6月、はじめて製糸を試みた。これが日本で最初の器械製糸所「藩営前橋製糸所」である。富岡製糸場の開業より2年前のことである。

3ヵ月後には1キロほど離れた風呂川沿いの勢多郡岩神村(いわがみ)（現・前橋市岩神町）に移り、器械12台を設置して、最初は人力で、翌年に川の水を利用した水力を動力として操業をはじめた。ミューラーの教えたイタリア式の器械製糸はケンネル式といわれ、のちの日本の器械製糸がすべてケンネル式になることをみれば、まさに歴史的な一歩である。

器械製糸とは具体的にどのようなやり方であったのだろうか。横浜居留

前橋製糸所

地で発行された英字新聞「ザ・ファー・イースト」に、当時前橋製糸所を訪れた3人のイギリス人の紀行文が載っている。

「私たちはひとりの大変利発な紳士を訪問したが、彼は親切に私たちに手で動かす機械を見せてくれた。この機械には二本の軸があって、部屋の両側に渡してあり、各軸は六つの車をまわしていた。各車のこちら側にはひとりのムスメがつき、その向い側にはもうひとりのムスメが坐り、二人の間には湯を満たした小鍋が置かれ、繭がはいっていた。一方のムスメの仕事は湯の中の繭を二本の竹の刷毛の先であやつって、相手のムスメに糸の端を分けて渡してやる動作をくりかえすことであり、もうひとりのムスメは繭七つ分もしくは八つ分をまとめて車に送る作業をするのである。この家には十二の巻き枠があって、二十四人の女が働いていた。そして貯蔵室では、私たちは市場に送る準備のできた生糸の袋を見た」(金井圓・広瀬靖子編訳『みかどの都"ザ・ファー・イーストの世界"』)

このように2人の娘が小鍋を間に向かい合って煮繭と繰糸をし、上の繰枠にその糸を巻き取っていく。その時の撚りかけ装置をケンネルという。

ここに登場する「大変利発な紳士（a very intelligent gentleman）」こそ、紛れもなく本書の主人公である堅曹のこととおもわれる。

　堅曹は前橋製糸所をつくってみて、「其良法にして十分の国益を含有せるを悟り、獨り外人について緊要の廉々を尋究し我一身を犠牲に供し、将来為し得べき事なるを知り」と書く。つまり、生糸の器械製糸方法は「良法」で十分「国益」になると悟り、ミューラーについてその重要な点を尋ね研究して、ひとり昼夜努力を重ねてその技術を身に付けたことがわかる。そして、これは将来にわたって、やってゆく必要があると堅曹は確信した。

　わずか4カ月であったが「我一身を犠牲に供し」た。日記には「家ニ帰スル克ハザル」とあり、その習得への執念と熱意は尋常でなかったことがうかがわれる。これによって堅曹は日本最高の製糸技術者となったのである。

　それにたいして、堅曹が苦労したのは、周囲の人びとが自分たちの手仕事がなくなると反発して誹謗中傷がひどく、藩の中でも反対者が多かったことである。のちに深澤雄象が設立する改良座繰結社の「精糸原社桐華組(きりはなぐみ)沿革書」に前橋製糸所設立当時の困難さが綴られている。その一節に

　「或日深澤子・速水子ト用談ノ余リ、嘆息ニ堪ヘズ知ラズ識ラズ流涕
　　ニ至ル」

とある。大の男が二人で語り合っていて、嘆息に堪えず自然に涙が流れてしまった。どれほどの艱難辛苦があったことであろう。

このようにして4ヵ月目を迎え、ミューラーの契約が切れる時、堅曹は藩にこの生糸の試験をやり遂げるのかどうかを問いただした。

「九月晦日　我藩ノ生糸試験ヲ遂ルヤ否ヤヲ政府ニ問、参政曰、藩ノ力ニ難及ト決ス」

参政は「藩ではむずかしいと決まった」と答え、資金の問題からか新しい事業に対して藩は及び腰になっていた。堅曹はそれまでもたびたび個人で金銭の融通をつけていたが、以後、さらに製糸場経営の金策に走り回ることになった。

このような困苦を跳ね返し克服してでも、彼はこの西洋伝来の製糸技術はイタリア、フランスの商品に負けないような糸を作るために必要で、欠くべからざるものである、と確信し突き進んでいった。

全国からの伝習生

日本で初めての器械製糸所である「藩営前橋製糸所」は堅曹の日記などでは、最初の細ヶ沢の武蔵屋伴七宅のところは「糸試験所」といい、次に移った岩神村の製糸所はその辺りの土地の通称で「観民」とか「大渡製糸所」と呼ばれている。ここには全国から進取の気概のある人々が次々と見学や伝習にやってきた。藩営時代の2年間で、日記にあるだけでもおよそ50人に及ぶ。

最初の見学者は、富岡製糸場の土地選定にきていた民部省の尾高惇忠、杉浦譲、ポール・ブリュナの3人であった。その数日前に堅曹は民部省か

らの達しで富岡まで出向き、土地選定に助言をしている。その帰りに彼らが立ち寄ったのである。年が明けると豊津藩（福岡県小倉）や福井藩（福井県）の重臣たちが訪れ、6月には信州の上田藩の関係者が女子7人を連れて伝習にきた。はじめての伝習者たちである。ちょうどその頃、元ジャーディン・マセソン商会の香港支配人の息子、東京南校教授のメージャーが見学に訪れた。彼は器械製糸の業を賛成してくれ、製糸器具を20組贈ってくれた。それまでは自分たちでつくった器械だったので、この時「純舶来の製糸器具が日本ではじめて廻りだした」ことになった。

　九州からは、のちに熊本製糸所の創業者となる長野濬平（しゅんぺい）が訪ねてきた。彼は横井小楠（しょうなん）の弟子のひとりで、実学に基づいて「養蚕富国論」を説き、熊本の新しい時代のために蚕糸業を起こそうとはるばる養蚕先進国の群馬や福島にやってきた。新しい器械製糸所ができた、というので堅曹のもとに飛んできて、「国民救済及び製糸器械の調査を質問した」という。先進の考えをもつ人たちに器械製糸の技術を教えるということは、堅曹もそういった人たちから新しい考え方を学び、各地の状況を知ることになる。それは貴重な双方向の情報交換であるばかりでなく、大いに勇気づけられることでもあったにちがいない。長野は養子の親蔵（しんぞう）をすぐに堅曹のもとに送りこみ、彼の家族や同志たちも次々に伝習にきた。1872年（明治5）長野濬平が熊本へ帰る時に、堅曹は工女の大野浪（なみ）を一緒に遣わした。彼女は濬平たちとともに工女指導者として活躍し、九州全域に器械製糸技術をひろめた。

　下野国石井村（現・栃木県宇都宮市石井町）で1871年（明治4）大嶹商

舎を立ち上げる川村迂叟（傳左衛門）もはやくに工女を伝習に送りこんできた一人である。江戸の豪商で十人衆の一人といわれた迂叟は、「頗ル気概アル者」で、世の中の動きに敏感な考えを持ち、剰余

初期の頃の大嶋商会

資金の使い方に先見の明を示す商人であった。堅曹とは肝胆相照らす仲になった。川村は1874年（明治7）にはミューラーが提唱するイタリア式の器械製糸所を堅曹の指導で創設した。養子の傳蔵が伝習にきて専任となり、出来上がった製糸所は「数里ノ郡村ヨリ蟻集シテ器械製作ノ新奇ナルニ驚キ大ニ民心ヲ奮起セシメタリ」というほど、画期的なものであった。

堅曹は長野親蔵が伝習を終えて熊本に帰る時、

　　明治徳沢及生民　東西分職壬申春
　　為国尽忠盟約日　送別残情協力人

明治の代は人民に恩恵をもたらし、東と西にわかれて職につく明治五年の春。国のために尽くそうと約束をした日に、送別するのはしのびがたいが、協力してやろうではないかと詠む。

川村伝蔵には

　　開化文明当此際　欲窮一理時々迷
　　況持己説以為足　用眼鏡紅如在閏

と詠んで、文明開化のまさにこのとき、一つの道理を極めようとすれば時々迷う。だがみずからの意見をもっていれば光がさす、やるべきだ、と励ました。

この漢詩二首は、若い前途ある二人への贐(はなむけ)として詠んでいるが、それは器械製糸業の来たるべき姿に夢と希望をもって向かっている堅曹自身の気持ちでもあることに気がつく。

群馬県内からは勢多郡水沼村（現・桐生市黒保根町水沼）の豪農、星野長太郎が1872年（明治5）7月に伝習にきた。幕末に「維新のご趣意」を伝えるために堅曹が藩士として水沼の星野のところを訪れたのが、二人が知り合ったきっかけである。その時各村々を二人で一緒にまわりながら堅曹の話すことにすっかり魅了された長太郎は、新しい器械製糸の話を聞いて一も二もなくはじめることにした。すぐに家族と共に泊まりこみで伝習を受け、堅曹から詳細な指導をうけた。1874年（明治7）2月、自宅に水沼製糸所を設立した。

二本松製糸会社

このようにして堅曹の製糸技術者としての評判はひろまった。1873年（明治6）福島県令の安場保和(やすばやすかず)は、同郷で同じ横井小楠の弟子である長野濬平の推薦をうけ堅曹を招くことにした。安場は戊辰戦争で壊滅的な被害をこうむった福島の人びとのために、新たな産業を興そうと器械製糸所を立ち上

げることを考えた。

　この時堅曹は前橋で、兄の桑島新平や深澤雄象らと養蚕から器械製糸まで一貫しておこなう製糸所（研業社・関根製糸所）をつくる計画をもっていた。そのため何度も安場の誘いを断った。だが、4年前に福島で経験した生糸生産調査に耳も貸さず、あまつさえ逗留先で二本松藩士から姦計をうけたことも気の進まない一因だったのではないかと考えられる。結局、福島県の厚待遇と河瀬秀治（かわせひでじ）熊谷県令の口添えで行くことになった。

　堅曹はやむを得ず福島へ赴いた。だが、建設予定地の二本松城址をみて、はじめて「不可措ノ感起リ製糸所建築ノ念生ス」と、ここに製糸所をつくってみたいという気持になった、と日記に書く。

　『実業世界　太平洋』という雑誌に堅曹が二本松城址に行った時の様子が書かれている。それによると、堅曹は県令から製糸所の予定地として猫の額ほどのせまい旧郭内の馬場を示され、このようなところではできないと大笑いをした。だが北方の城廓をみると何かを感じ、走って行き城址に登ってみた。そこは広さ数千坪の地に鬱蒼として樹間より滝となって水が流れていた。堅曹は手をたたき「妙なる哉此所、是れ天與の製糸場なり」と、素晴らしい、天の与えてくれた製糸場だ、といったとある。

　自分の思い描く理想の地がまさに目の前にあらわれ、堅曹は製糸所を造ってみたいというおもいが湧きあがってきたのである。

　二本松城址は現在霞ケ城公園となり観光に訪れる人も多い。入り口に二

本松少年隊の像が建てられ、この城が戊辰戦争で深く傷ついた場所であることを知らされる。毎年菊人形展が開かれる場所が製糸所のあった三の丸跡で、2600坪の広さがあり、その奥の一段あがったところには江戸時代に安達太良山から城内に引いた二合田用水でつくられた池や滝が今日でも残っている。だが、二本松城址に器械製糸所を率先して導入した堅曹の功績をたたえる言葉はみあたらない。

創業の頃の二本松製糸会社

　さて、堅曹は土地選定から設計、建築まですべてを指揮し、教師となる工女も連れて行った。経営についても自説を主張した。前橋製糸所の経験から県庁のする仕事は資金面で苦労するので、県主導であってもあくまでも民営の会社組織として開業させなければいけないとした。官営か民営かで県令と激論の末、株式会社組織とさせた。しかし、いざはじめてみると、株主という全く新しい考え方を理解してもらうことがたいへんで、堅曹はひとり菅笠、脚絆姿で、株主になった県民一人一人を訪ね歩いて説明したという。

　1873年（明治6）6月「二本松製糸会社」は開業した。「万事吾壱人の策」

と日記にある。誇張でなく、ほぼ一人でやりとげたといってもよい。堅曹は操業を軌道にのせて翌年3月前橋に帰ることになった。丸一年にわたる指導であった。社員および工男工女300人余りは名残を惜しんで涙を流し、杯を酌み交わして別れたという。この日の日記に「最初は我を狂気のようにみなし、途中では大いに邪魔にして、最後には神のごとく扱う」と記す。堅曹の孤軍奮闘ぶりがしのばれる表現である。

　二本松製糸会社は早くから優れた糸を製造すると海外に認められ、日本でもっとも優良な製糸場としてその名を知られた。だが1886年（明治19）に解散したが、佐野製糸所と双松館に引き継がれてさらに発展した。
　前橋に戻った堅曹は、兄たちと新しい試みであった養蚕製糸所（関根製糸所・研業社）をつくるために奔走した。

製糸改良基礎ノ意見書

　堅曹は福島にいる間、それまでの生糸に関するさまざまな経験に基づいて、生糸改良の大事業計画をつくった。二本松製糸会社を開業させた後、福島県令の安場保和にその考えをつたえ、それを「製糸改良基礎ノ意見書」として1873年（明治6）11月に大蔵省の松方正義租税権頭へ提出した。
　意見書の概略は次のようになる。
　一　日本の養蚕の盛んな地域、上武（群馬・埼玉）、信州（長野）、岩
　　　磐陸羽（東北）の3ヵ所に拠点となる製糸所を設立する

一 政府はその拠点製糸所を特別に保護し、運営資金を貸与する
一 運営には能力のある人材を選んで担当させ、その地方の希望者に技術を伝習し、経営を教える
一 その中から人物を見極め、資金を貸与して器械製糸所をつくらせる
一 各製糸所でつくった製糸は横浜にあつめ直接輸出する
一 貸与金は10年をめどに返済し民間の製糸所としていく

　器械製糸所を開業するには莫大な資金が必要である。そのため、普及させるには技術を伝え経営を教えるのと同時に、資金を貸与する仕組みにした。きちんと返還させることで、民間製糸所を増やしていく内容である。この資金について、堅曹は明治6年までは二本松製糸会社の開業で資金の調達をした小野組の出資を考えている。生産された生糸は品質同等の代価を得るため、横浜から直接海外へ輸出する計画である。あくまで生糸のために働く人びとの利益を優先した堅実な構想の民活路線であった。
　この大事業計画構想が堅曹の宿願となった。これを遂行するために、その後の半生にわたって堅曹は生糸改良の事業に関与しつづけていくことになる。

　ところが、資金源と考えていた小野組が1874年（明治7）に閉店となった。堅曹はいかにしてこの計画の資金を調達するのか、策を練る。横浜居留地のイギリス人貿易商キングドンに持ちかけたり、内務省に建策したり、

内務卿の大久保利通にも意見書を送り、返事を待った。

第三章　国の官僚として

内務省入省

1875年（明治8）1月、明治初年に開業した前橋藩の生糸売込問屋「敷島屋庄三郎商店」は、堅曹が任せていたいとこの稲葉隣平の失策によって、経営が破たんした。資金援助をしていた堅曹は「種々周旋スレトモ稲葉ノ失策難禦、又出京、又出浜、血涙奔走ス」と走り回る。深刻な事態となり、堅曹自身の生計に甚大な累が及んだ。この状況を打開するため、内務省の神鞭知常や河瀬秀治が力を貸してくれた。「河瀬君ト

速水堅曹

内話ノ末一度本省ニ使フルコトニ決ス、而モ予束縛ヲ不受ヲ述、同君曰然、曰然ラハ随君意」と内務省入りの話がまとまり、1875年（明治8）3月4日付で内務省勧業寮9等出仕となった。製糸業で人びとを豊かにするという志を貫くために束縛を受けたくなかった堅曹は、河瀬にそれでもいいかと問い、自由な裁量を認めてもらった。

堅曹は「製糸改良基礎ノ意見書」の計画について、大久保内務卿がどのような判断をくだすのか気になっていた。返事がもらえぬまま、堅曹は内務省に入ることになった。入省したといっても判任官であり、内務卿の大久保利通と直接話ができるような立場ではない。堅曹は晩年、新聞記者に「直接内務卿などにお目に懸って公務上の話は、ちょっとできにくかったものですから、みな河瀬秀治君が取り次いでくれました。（略）私事について公に話したいことは、この五代（友厚）から取り次いでもらった」と語っている。官僚制度というものは、そのような仕組であった。

　イギリス人のキングドンと計画をすすめながらも、内務卿の意見を聞きたい。そこで堅曹は大久保の親友である五代友厚（こだいともあつ）に近づき、そこから大久保の意見を聞き出すという作戦にでた。入省した年の６月に、五代と面識がある二本松製糸会社の佐野理八（さのりはち）をとおして、会う手筈を整えていった。まずは書面と「製糸改良基礎ノ意見書」を送り、１週間後ひそかに五代と会った。二人は意気投合し「莫逆の友（ばくげきのとも）」になった。その結果として、堅曹は内務卿の大久保利通から「汝の良策は政府に於て資金を貸附すべければ外国人との関係を断てよ」との言葉を得た。

富岡製糸所の調査

　入省してすぐに命じられたのは、開業から３年がたった富岡製糸所の経営調査である。堅曹はひと月かけて調査し、「富岡製糸所現在之景況」と題した報告書にまとめた。地理的条件の不便さ、運営状況の問題点を指摘し、

他の形態の製糸所の資料と比較して富岡の損失の大きさを示した。とくに熟練工が育たない原因として、工女たちの出入りが頻繁なことを指摘した。それについては工女たちが「私たちが製糸の仕事を練習して何の役に立つのだろう。嫁に行ったら経験が生かせるとは限らないし、給料もどうやったところで貯められない。ただ、空しく三年を過ごすのは本当に無駄なことで、いちばん最初の誰それの話に騙されたのだ。断固親の病気と言って帰ろう、帰ろう」と語るのを示し、対策を促した。堅曹は工女たちの内面にまで踏み込み、説得力のある調査をした。

報告書の結論としてはお雇い外国人の解雇、工女の雇い方見直し、民営化への英断要請、というものであった。

フィラデルフィア万国博覧会

1876年（明治9）4月10日、富岡製糸所の経営調査を仕上げ、堅曹はアメリカへ向かって出発した。米国独立百年を記念して開かれたフィラデルフィア万国博覧会に審査官として参加するためである。この博覧会は5月10日から11月10日の半年間開かれ、30ヵ国以上が参加し、会期中およそ1千万人が訪れた。

堅曹は欧米やエジプトなど世界各国の12人の審査官と共に2ヵ月間にわたって繭生糸織物の審査をおこなった。そのときの様子は日記に「始各国人ノ予ヲ見ル小供ノ如ク、然ルニ議論ノ末終ニ繭・生糸ハ我ニ及者ナキヲ以、我見込ヲ以是非ヲ定メ他人同意スルコトニ決ス、意外ノ面目也」と書く。

各国の人は初め、私のことを子供のようにみていた。だが、議論の末、繭と生糸については私に及ぶものがなかったので、私が判断をして他の人が同意するということに決まっ

フィラデルフィア万国博覧会記念写真
堅曹は後列右から2人目

た。思いがけなく高い評価をしてもらった、という。

「議論ノ末終ニ云々」の場面はその後、堅曹のいわば手柄話としていくつかの雑誌などに掲載された。

　当時日本の糸はまだ粗製濫造のものが多く輸出されていて、欧米では認められていなかったため、いい加減な審査で日本の生糸が排斥されようとしていた。堅曹一喝して「日本の審査員にも意見がある」「文明国の委員と称する諸君が繭糸審査の状況を窺うに、主眼は専ら糸の太さと色澤とに在るが如し、是れ其一を知て其二を知らざるの甚しきものなり」として、審査すべき要点は「第一に糸質、第二に製法にして、第三以下又注意すべきもの少なからず」と、意見を述べた。

　欧米の糸の撚りを戻して斑糸なことをみせて、「これではいわゆるめ

くら審査だ」と喝破した。日本の糸はすべて7本に揃っていることを見せて、「日本の斯業はまだ途上で新式の機械に適していない点もあるが、こうして正しい製法で糸をつくっている」と、目の前で鍋に繭を入れて煮て、自分の手で糸を紡いでこれを示した。列国の委員驚いてその卓説に服した。日本の製糸家等は伝え聞いて大いに喜び、かわるがわる宿に来て万歳をした。

フィラデルフィア万国博覧会記念写真
各国の審査官たちと、堅曹は後列左端

　多少脚色もあるとおもわれるものの、堅曹の剛腹で強気なところや当時の低位におかれた日本人には、胸のすくような快挙として賞賛されたことがわかる。
　19世紀後半、世界の生糸市場の中心はしだいにヨーロッパからアメリカへ移行しようとしていた。日本政府はニューヨーク副領事の富田鉄之助（とみたてつのすけ）や内務省官僚の神鞭知常に綿密に事前調査をさせて、この博覧会にあわせ日本の生糸の売込みと市場の販路をつくりあげようと画策した。この使命の一端を担って、堅曹も生糸織物等の審査官の任命をうけたのである。こ

の博覧会では日本の出品のある部門の専任審査官は159人いたが、その中で日本人審査官は2人だけである。繭生糸織物の速水堅曹と陶磁器の納富介次郎(のうとみかいじろう)である。納富はのちに石川、富山、佐賀の県立工業学校を創立するなど、窯業技術の育成に努め、産業の基盤作りをした日本の窯業界の先駆者である。まだ未開の地として扱われていた日本から審査官として参加するというのは、世界に伍して知識と経験を備え、みずからの知見が説得的に説明できる人材でなくてはならなかった。その意味で堅曹は世界にも通用する一流の製糸技術者であったといっても過言ではない。

　堅曹は審査終了後、富田や神鞭と精力的にニューヨーク近辺の最新の織物や紡績工場を見学した。とてつもない規模や機械の最新さ、環境のよさ、交通網の発達、働く人のための福利厚生の素晴らしさに「地球上職業快楽の第一等たるべし」と目を見張り、日本をいつかこの国のようにしたいと感嘆の声をあげた。

　ニューヨークの生糸関係者、リチャードソンに会ったときのやり取りが残っている。

　まだ日本の糸は粗製濫造で製品の悪さを非難されていた。糸切れがひどく、繰り返しが時間ばかりかかる、だから高価は払えないと。
　星野の糸をひとくくりもっていたので、それを目の目で繰り返してもらったところ、糸切れもなく工女たちは感心してくれた。
　リチャードソン「こうした上等な糸を送ってくれたら、何の申し分もなく価格も高くなるだろう」

堅曹「帰国したらいい糸をどんどん直輸出しましょう。米国ではおそらく買い尽くすことができないほどですよ」
リチャードソン「（笑）そう、できないだろうね」
堅曹「このような糸だと価格はいくらぐらいになるのか」
リチャードソン「1 ポンドに付き、8 ドル半になる」
私はあまりの高値に驚いた。

このように、堅曹は日本の生糸の品質の上等さを大いに宣伝し、必ず良質の生糸を送ると約束をして直輸出への足がかりをつけ、帰国した。

大久保利通と殖産興業

大きな成果を上げて帰国した堅曹は、矢継早に国内の製糸に関わる仕事を行っていく。各地で巡回指導をおこない、大久保内務卿の肝いりで開催された第 1 回内国勧業博覧会では日本初の審査官を務めた。一方、日本初となる官営の毛織物製造所「千住製絨所（せいじゅうしょ）」の所長にも就任した。

帰国してすぐに堅曹は、宿願の大事業計画の実現にむけて動いた。「製糸改良基礎ノ意見書」を大久保内務卿が 300 万円の資金で国の事業としてやらせてくれることになった。堅曹は大久保が自分を信じてまかせてくれた誠意に感じ入り、勧業頭の松方正義と共に具体的に取りかかった。時宜に適えて「生糸製造勧奨に関する伺い書」という、いわゆる松方プランといわれるものにまとめあげた。

大久保利通は薩摩藩出身で西郷隆盛らと倒幕運動を推進し、岩倉具視らと連携して王政復古を実現した人物である。新政府の中枢となり、岩倉遣外使節団の副使として米欧諸国を視察して帰国後、1873年（明治6）内務卿となり、殖産興業政策に力を注いでいた。

　政策は1870年（明治3）からの工部省に代表されるような官業重視のやり方から一転して、国内の発展に重きをおいた民業重視のやり方をすすめるものであった。全国において殖産興業を起して民業路線をいくというその考えは、堅曹が建策した「製糸改良基礎ノ意見書」の官民一体となった事業で民業の力を結集し指導して育てるという考えと一致した。

　松方正義と取りかかった大事業の準備は進み、実行段階になった1877年（明治10）西南戦争が勃発した。国の資金が戦費で底をつき事業は暫時延期となった。その後内務卿は苦心して起業公債を募って資金を確保し、事業の準備を再開した。その矢先の1878年（明治11）5月14日大久保は暗殺される。堅曹は日記に「言語道断天命ナリ、旻天ニ怨泣ス」と記した。

　大事業計画は頓挫した。

　堅曹が内務省に入省してみると、大久保内務卿は堅曹の考えをよく理解し、事業計画をそのまま資金をだしてやらせようと決断してくれた。蚕糸業以外の仕事はしない、と入省にあたって勧業頭の河瀬秀治に無理な条件もつけたが、フィラデルフィア万国博覧会への派遣をはじめ、大久保主導で開設された官営毛織物工場の千住製絨所長、内国勧業博覧会の審査官、

地方の巡回視察など、その希望どおりの仕事を与えてもらった。

　堅曹にとって最大の理解者となる大久保と出会い、その信頼を得たことは大いなる幸せであった。その下で厳しくものびのびと仕事をさせてもらった4年間は、いちばんいい時期であったのかもしれない。堅曹36歳から39歳の時である。

　晩年、堅曹は大久保利通について次のような感慨を新聞記者に語っている。

　　大久保公のことを今から考えて最も感ずることは、もし公が在世であったら、どれくらい一国の風儀や人民の思想が堅固で堕落しなかったろうか、と思われることです。下々の者はどうしても上(かみ)にあって一国の政をするものの所為(しょい)を学びたがる、今の日本人が風俗において堕落しており、かつ拝金宗に奔(はし)ってしまったというものは、上に大久保公のような厳正な清廉な方がないからだと思います。公の亡くなって後、こうして不自由な体を生き長らえていますが、つくづく世のありさまを見て慨嘆に堪えず、公のことばかりが忍ばれます。

堅曹は大久保利通の10年祭の時に、

　　　千早振る神はなにとかおぼすらむ

　　　　　　　一昔へし国のすがたを

15年祭の時には、

　　　神ながらみそなひたまへ夏のきて

　　　　　　　いやことくさのしげる広野を

の和歌を霊前に捧げている。

　堅曹は、年長の大久保利通のような厳正で清廉な生き方を尊び、みずからの信念と重ねあわせ、範としたのではないかとおもわれる。

地方巡回指導

　内務省時代の堅曹にとって看過できないものに、地方巡回がある。堅曹は1877年（明治10）から80年（明治13）にかけて埼玉、群馬、長野、岐阜、石川、滋賀、静岡の各地を巡回、蚕業事情を視察した。その様子は「製糸業者続々附纏ひ昼泊等に於ても休息の間無き程」と昼も夜も休む暇がないほど、大勢の製糸業者がやってきた。巡回では現場でさまざまな相談にのり、器械の不備はすぐに直し、実際に繰糸のやり方をみせ、必要とあれば講演をおこなった。それは相手にあわせて「製糸業の利害得失」だったり「製糸法」だったり「養蚕」の話だったりした。「経済の話」や「勧業の話」の時もある。信州へは毎年巡回に行っており、気になる製糸所には必ず立ち寄り、前年度より良くなっているか確認した。指導を受けたほうも、最初は厳しい意見でがっかりしてしまうが、発奮して頑張ると翌年褒めてもらえてうれしくなる、という具合である。

　たとえば、堅曹は1877年（明治10）8月に長野県須坂の東行社（とうこうしゃ）を視察した。この年に正式に製糸結社になったばかりの小規模の製糸所が集まった共同組織である。評価は「小田切武兵衛の100人繰り器械製糸場をはじめ、

5人あるいは10人繰りの器械製糸場をみたが、いずれも経験のない者がうわべだけまねたにすぎない。100人繰りといっても状態は同じで、狭くて検査ができず不潔である。須坂の小器械は幾分か手繰りに優る程度である」と手厳しい。堅曹は松代や須坂の人を集め提籃組合（揚返組合）と連合製糸の利を説明した。「頗ル悟ル所ロ有リタルカ如シ」とある。話を聞いた東行社は翌年（明治11）5月、県内ではじめての共同揚返所を設置した。11月に堅曹はふたたび巡回に訪れた。「須坂は昨年に比すれば大いに進歩す。東行社の小器械も昨年みな官（速水）の説諭にしたがい、一か月に二千斤余を製造するという」と高い評価があたえられるほどになった。

　どの地方に行っても、新しい製糸器械などを取り入れはじめた揺籃期であった。どうしたら良くなるのか、堅曹の視察を各県知事はじめ製糸家らは手ぐすね引いて待ち、質問攻めで意見を求めてきた。堅曹にとって現場の人の手応えが感じられ、とてもやりがいのある仕事であったにちがいない。地方を回って、優秀な人材をみいだすのも、製糸業の発展には人材が大切との信念をもつ堅曹には、何よりの喜びであった。これはと見込む人材をよく地方巡回に連れて、現場をみせている。地道で根気のいる地をはうような指導こそが黎明期の製糸業には必要なものであった。現場の技術と方向性を知りつくしているからこそ、将来の在るべき姿を説くことができた。

第四章　富岡製糸所長として　生糸直輸出

富岡製糸所長

　富岡製糸所は堅曹の調査結果に従い改良を進めていた。だが、2代目の所長は利益にばかり目が行き、肝心の生糸の品質が落ちていた。1878年（明治11）パリ万国博覧会に派遣されていた松方正義勧農局長は、海外で「トミオカシルク」の誹謗にさらされた。フランス人から直接忠告をうけるや、松方は富岡製糸所の所長を速水にさせるようにしばしば打電してきた。

　なぜ富岡製糸所の所長候補に速水堅曹の名前がでてくるようになったのか。堅曹と富岡の関わりについてみていきたい。

　富岡製糸場の案が立ち上がったのは藩営前橋製糸所ができた同じ年、1870年（明治3）である。民部省の審議の初期の段階で渋沢栄一は、前橋で器械製糸所をはじめた速水という人物がいることを承知していた。堅曹はその年の10月に契約を終えたミューラーを横浜に送った帰り、民部省租税正であった渋沢栄一宅に行き、新しい生糸の一覧と将来の目的を伝えた。ひと月ほどたった10月19日、民部省から堅曹に富岡に行って土地選定に立ち会ってほしいと依頼がきた。堅曹は、立ち会って次のような意見を述べた。「大工事未ダ本邦ニ適セザランヲ恐ルヽナリ」と規模が大きすぎることを危惧した。

　9日後、富岡に土地選定に来ていた庶務少佑の尾高惇忠と地理兼駅逓権頭の杉浦譲、フランス人技師ポール・ブリュナの3人が帰りに、前橋製糸所

に見学のため立ち寄った。尾高と杉浦はこの時はじめて器械製糸というものを実見した。その時のことを後年、尾高は講演で次のように語っている。

「始メテ見マシタ（中略）成程是ハ軽便デアル、（中略）速水堅曹大キニ喜ンデ一人モ賛成シテ呉レヌ、謗ル者バカリナル中ニ能ク来テ呉レタト言ッテ喜ビマシタ、其以来速水トハ懇意ニ致シマス」

このように尾高は「なるほど、これは軽便（便利）だ」「堅曹はたいへん喜んで、まわりの者は一人も賛成してくれない、謗る者ばかりのなか、よく来てくれたといって喜びました。以来速水とは懇意にしています」と語っているように、その後堅曹と親しく行き来をしている。

翌年（明治4）5月に尾高は堅曹のところに来て「自助論ヲ貸呉ル」。『自助論』とは1870年（明治3）初冬に出版された木平謙一郎蔵版『西国立志編、原題自助論』（サミュエル・スマイルズ、中村正直訳）のことで、福沢諭吉の『学問のすゝめ』とともに明治の二大ベストセラーとなる本である。欧米で辛苦して事業を起こした人物をたくさん挙げて、その志をもった自助「天は自ら助くる者を助く」という実体験を紹介した書である。多くの青年たちに新しい生き方を示し、希望の光明を与えたといわれる。堅曹にとって、その本は自らの生き方と自説に力をえたと考えられる。

つづいて6月には堅曹が富岡へ行き福島村（現・群馬県甘楽郡甘楽町福島）へ煉瓦の製造を一緒に見に行った。開業直前の72年（明治5）9月尾高が堅曹のところに製糸工女募集の依頼のためにきた。開業後、堅曹は富岡製糸場へ泊まりがけででかけ、尾高に場内を案内してもらっている。

堅曹は2年後の74年（明治7）6月関根製糸所の設立に奔走していたが、その合間をみては尾高に会っている。その日は話が尽きなかったようで、日記に「一歓一憂ノ談酒食セリ」と記されている。数日後に星野長太郎に送った手紙にも、水沼製糸所を軌道にのせるのもなかなか理想のようにはいかなくて一笑一憂だ、と書き「過日富岡に罷出尾高と深更迄談判同調相和苦楽同一之風味少々（略）」と深夜まで尾高とお互いの苦楽を語りあったと伝えている。

　このようにみてくると、堅曹と尾高は器械製糸の先駆者としての苦労や手さぐりの方策をわかちあい、『自助論』でおもいを共有し、希望をもって、励ましあっていたのであろうか。近代日本の器械製糸の黎明期に奮闘しつづけた2人の姿がほうふつと浮かびあがる。

　尾高との関係も、1875年（明治8）堅曹が内務省に入ると、富岡製糸場の経営調査や毎年の実況見分にみるように、相対する立場となる。

　土地選定の時から規模の大きすぎることを懸念した。実際に操業がはじまると「官業なれば事業は大にして器械は尽せり製品は則ち精なりと雖も肝腎の経済上に於て取るに足る可きもの無く又人民本業の基本と云ふを得ず」と設備ばかり大きくて、肝心の経営は取り上げる価値もなく、これでは人びとが手本とするべき模範工場にはなっていない。しかも「官吏と云ふばかりで何も知らざる事は人民に異なる事無く唯外国人の指揮一途に拠るものにして日本人男女の精神を支配するを得ざればなり」と外国人のい

うままで、製糸業のことを何も知らない官僚はただ外国人の指揮に従っているばかりだと批判した。製糸業は精神的なことが大事であるのに、それすらも知らない、と手厳しい。

辛口の批判をした堅曹である。だが、器械製糸を普及させるには富岡製糸場はいらないのか、といえばそうではない。官営であるために欠点が多い。それを改め民営にして経営を合理化し利益が出るようにすれば、日本の亀鑑（模範）とみなされる製糸場になると確信をもっていた。1873年（明治6）に構想した大事業計画では、富岡のそれは日本の3大拠点の製糸場のひとつとして盛り込まれていたからである。

松方正義はその計画を国家事業の松方プランとして3年前に一緒にまとめあげて、堅曹の考えを熟知していた。机上の空論ではなく、いくつもの器械製糸場を設立指導した手腕と実績があり、かつ器械製糸技術者として彼の右にでるものはいなかった。初代所長の尾高惇忠が1876年（明治9）11月に辞めた時、堅曹に所長を内命した過去があったものの、政府は所長として「トミオカシルク」の信用を即刻挽回するだけの品質改善ができる人物は、堅曹しか考えられなかった。

この時、堅曹は日本最初の毛織物工場「千住製絨所」の所長として、開設準備に追われていた。フランス視察中の松方正義からの指示で、伊藤博文内務卿と前島密(まえじまひそか)内務大輔が所長就任の依頼に堅曹のもとにやってきた。この時のやり取りである。

堅曹は自分が好まないことはしなくてもよいとの特別な許可を得て官吏となった者なので、容易に承諾はできない、として次のように述べた。

堅曹「私は同所のことについては、政府の組織が適切でないとして、その対応策を前内務卿に上申していた。しかし考えてくださっている最中にお亡くなりになられたので、おおいに意見がある。つまるところ、政府は特別な評議により未曾有の大工場を建設されたのであるのだから非凡の人材を選び出し、破格の決断が必要である。しかしこのようなことは行われずに各局の持ち回りで権威のない役人等を任命しているのでは、その実効が上がらないことは山に臨んで鯨を取ろうとすることと同じである。

　かりにも六百余人の面倒を見なければならない小人女子（しょうじん）を率いての共同生活は、ほとんど一家族のようなものである。加えて多少の利益を上げて国家の模範となることの難しさは、十人以下の一家でさえうまくやれないような人物に出来るわけがない。いや、又これを紡績業のような機械的な業と比較する者は製糸業を知らないのである」

前島「そうであるならばどのような資質を持った人物が必要か」

堅曹「外では高尚善良な品行を備え、内にはつつしむ深く誠があり思いやりの真心に満ち、温厚にして度量の狭い人も受け入れ、豪気にしてそれで不正を払い、篤実な態度で未開の愚かな人民に接し、勇気をもった果断な判断で小賢しい（こざか）人物を寄せ付けない。外は各国の盛衰を気

　　　　づかい、内地の慣習の実情を視察し、外は各国の機工業、蚕糸業の
　　　　方向性を研究し、内では当該事業の適否を正しく把握し、外では狡
　　　　猾な商人に圧倒されず、内では軽薄な市場にだまされず、急な事態
　　　　でも進退の活路を開き、そして上は天皇のいましめの要旨を守り、
　　　　下は万物が天地によって育てられていく不思議な道理を楽しみ、忍
　　　　耐強く、長い時間も厭きず、困難にも屈せずに日夜努力する。この
　　　　ような人物であれば十分に成果をあげることが出来る。」
前島　一笑して「そのような人物は国中を探してもいないであろう」
堅曹「まことにその通りである。しかしながら、私においては一つもこの
　　　中で欠けている点はない」
前島「だから君に命じようとしているのにどうして承諾しないのか」
堅曹「私が直接やらなくても十分やったのと同じだけの効果を得られるや
　　　り方がある。前内務卿に建議したように速やかに民間に移して、し
　　　かるべき人物を選んで担当させることだ。もしその人物に欠点があ
　　　れば私は官吏として出張して保護監督を行う。もししかるべき人物
　　　を見出すことが出来ない場合は私が民間人となって経営にあたる。
　　　富岡製糸所の処置についてはこの二つの方法のみである」
伊藤「もしこのようにしないで現状のまま維持した場合どのような弊害が
　　　起こるか」
堅曹「損失を発生させるだけである」
伊藤「産業を奨励するための事業なので多少の損失はやむを得ない」

堅曹「決してそれではいけない。見たことも聞いたこともない新規の事業だからこそ上州、武州、信州、甲州の中心部に建設をして、個人でもできる製糸業の模範の工場としたのである。人びとの注目はただ損益のみである。もし損失を顧みない場合は、たとえいかなる良品を作り出してもけっして人びとは器械製糸業を頼らないばかりでなく、一方では赤字になることを恐れる人びとがたいへん多くなることも又はかりしれない」

伊藤「あなたが製糸所を経営すれば模範業とさせ、また、多少の利益を上げることができるのか」

堅曹「勿論です」

伊藤「あなたが経営すればこの内外の信用失墜を回復することが出来るか」

堅曹「手を返すようにたやすいことです」

伊藤「それならばあなたの言葉のようにしようと思うが、まず、この信用挽回のお手並拝見の上で民間への処分をおこなおう。それまであなたが主任となって改善せよ」

堅曹「それならば万般(ばんぱん)の事、すべて私に委任されいささかも干渉しない旨の令状を頂きたい」

伊藤「承知した」

富岡製糸所

信用挽回の結果をだせば民営化を考えよう、という伊藤博文の言葉を引き出したところで「すべてを委任してくれるのならば」という条件の一札をとった。堅曹は所長を引き受けることにした。直接民営化をすすめる方向に舵を切ったのである。

製糸所の改革

1879年（明治12）2月、堅曹は自分の教え子である長野親蔵を連れて製糸所に赴任した。製糸所内を一覧した。場内の乱雑ぶりは目をおおうばかりであった。

堅曹は製糸所の職員、工員、工女たちにたいして「このたび、政府は当所の改良を私に委任したのでこれより着手する。私がここに来た以上あなた方に問う事はしない。すべての事を私が指導する。したがって業務の熟練、見習を問わず、官吏、男工、女工の別なく私の指揮を好まないものは速やかに辞めてもらうので随意に申出るように」と話した。

まず人びとの荒れて萎縮した気持を取り払うために、場内の草取りをおこない、植木を植え、池を掘り、機械家屋を修繕し、教師を雇って夜学を開校した。休み時間には堅曹自身が説教して人の道を教えた。女子にたいしては人を使う方法、人に使われるきまり、人と交際する術、子弟教育の道、一家を治める道理、日本と西洋の習慣のちがい、貯蓄方法一般にいたるまで周到かつ綿密に毎日毎晩実施した。

1週間を経へて場内を一見すると、改良の端緒が現われてきた。堅曹は、

製糸業が精神的な業であることを悟る。

　それから業務上の改良に着手し、すべての規則を新設し、フランスには「私自身が担当して製造させた品物にいささかの欠点でもあればすぐに連絡するよう」と申し送った。折り返し、フランスからは製品に満足し「唯敬服の外なし」の手紙が届いた。伊藤内務卿にその手紙を持参したところ、笑って「敬服、敬服」といったという。4月7日、堅曹は富岡製糸所長兼務を任命された。

同伸会社の創立

　所長に就任した年（明治12年）の11月、横浜で日本最初の繭糸共進会が開催された。堅曹は審査部長をつとめ、詳細な繭糸審査法を定めた。会期終了後、東京向島の八百松楼で全国の製糸家たちを集めて親睦会がおこなわれた。その席で堅曹は6年前からの宿願である大事業計画のひとつ、横浜に生糸の直輸出の会社を立ちあげることを呼びかけた。生糸の輸出は製造人たちの利益を考えれば直輸出にすることが急務である。フランスとアメリカに支店を設け、海外からの情報を製糸家たちに伝えることも重要である。政府に頼るのはやめ、「朋は類を

同伸会社（横浜尾上町6丁目）

以て聚る」という言葉を信じて皆で団結しよう。自分は「造次顚沛此念を絶つことなし」どんな時でもこのおもいを念じなかったことはない、といいきるほど人びとを圧倒するような気迫のこもった演説であった。これが生糸直輸出会社同伸会社のはじまりである。

　この呼びかけに応じて、星野長太郎、高橋平四郎、清水宗徳、外村宇平ら多くの製糸家が奔走して準備をはじめた。1年後の1880年（明治13）12月15日、堅曹が頭取となり、アメリカに行ったときに世話になったニューヨーク総領事の高木三郎を副社長に迎えて、同伸会社は横浜尾上町6丁目に開業した。翌年4月にはフランスのリヨンに支店を出し、日本から福田乾一、中山智倚の社員2人が富岡製糸所と暢業社の糸4千斤を携えて赴任した。アメリカ支店は1876年（明治9）に渡米し、生糸貿易家として活躍をはじめた星野長太郎の弟、新井領一郎が担当した。

　堅曹の演説にもあったように同伸会社は、海外の情報を電報や書信で国内の製糸家たちに配布した。1892年（明治25）くらいまでは、各新聞にかならず生糸市況「同伸会社報」などとしてアメリカとフランスの商況が載った。海外需要者と国内生産者の媒介となって生糸の改良と進歩の指導を行ない、生糸直輸出の先駆けとして大きな功績をあげた。堅曹は身繁忙のため、後に高木三郎が社長となって老舗の生糸直輸出商社としてその存在感を示した。

岩倉具視

　大久保内務卿の死で頓挫していた大事業計画について、堅曹はこの頃より岩倉具視右大臣にしばしば相談した。横浜の同伸会社の設立は自分たちでおこなったが、拠点となる製糸所の設立と経営、運営資金の貸与などするべき仕事は残っていた。国家の資金を調達しておこなうしかなかった。

　岩倉は「是は明治14年度を俟てよ。爰に今急務の件有り」と、今いそぎの件があるので明治14年まで待ってほしいという。むしろ堅曹にたいし「汝の如き下情を熟知して、一點の私情無きものは稀に見る所なれば」として自分の片腕になるようにと求め、帝室論、華族の処分、宗教上の事などの意見を打診した。堅曹には意外におもわれたが、それに応えて密談を重ねた。

　しかしその岩倉も1883年（明治16）に亡くなった。大事業計画の実現は不可能となった。堅曹は「我の同公に謀りし事も皆水泡に属し血涙の至り、爾来共に大事を謀るの人を知らず是亦天命なるかな」とその死を嘆いた。頼みと仰いだ大久保利通と岩倉具視の2人があいついで亡くなり「日本は暗だ、私などはもう死んだ方がよい体」とまで思いつめた。この大事業計画の遂行のために堅曹はいかに精力を傾注してきたかがわかる。

富岡製糸所の堅曹貸与と廃業阻止

　1880年（明治13）政府はインフレ脱却をめざして緊縮財政をとり、官営工場の払い下げをはじめた。富岡については出願者がいなかった。松方内務卿は富岡製糸所の民営化を具体化するため堅曹に5年間資金とともに

製糸所を貸与することを内々に決めた。そのため堅曹は所長を辞任して下野し、同伸会社の頭取となり、その時を待った。所長は辞任したとはいえ勧農局長の品川弥二郎からは、引きつづき製糸所の指揮監督を委嘱され、教師または教導という身分で富岡にとどまり経営に携わった。

しかし北海道官有物払い下げの問題が新聞等で扇情的に大きく取りあげられるや、官営工場の処分は慎重を期すようになった。政府内では廃業もやむなし、との意見が大勢を占めてきた。

1881年（明治14）10月、前橋で繭共進会が行なわれた。農商務卿一行が前橋巡回と富岡製糸所の見分にやってきた。見分後、堅曹は自身の官舎であるブリュナ館に一行を招き入れた。河野敏鎌農商務卿は当所の利害得失、維持困難の状況までを理路整然と論じ、当所を廃止することも止むを得ないと話した。同行の官吏はひとことも発しないなか、堅曹はみずからの進退をかけて議論を申し込んだ。それは国益のために上質の生糸をつくる拠点としてこの富岡製糸所は廃止してはいけない、民営化をすることが最善である、断固廃業は撤回してほしい、と数時間におよぶ激論となった。河野農商務卿はついに「まことに了解した。実にあなたの言うとおりである。当所処分の件については、私は誓ってあなたの言うとおりにする」と納得してくれた。

共進会終了後堅曹は楫取素彦群馬県令と会い、富岡を前橋有志に払い下げてその後堅曹に渡すという密談をした。「一〇月一五日県令ノ内話アリテ断然富岡ヲ前橋有志ニテ払下、予に附サントス、此談密ナリキ」

県令は農商務省あてに上申書を出した。

堅曹は製糸所の廃業を阻止するためにあらゆる対策を講じたのである。

　廃業は見送られたのだが、堅曹への貸与の件は結論がなかなかでなかった。

　1882年（明治15）5月8日「富岡製糸所の処分申し立の通は聞届け難き旨太政官より本省へ御指令ありたり」と、速水堅曹へ払い下げる件は受け入れられないと通知がきた。理由は82年5月5日付の「農商務省上申」によると、そもそも民間から出願者がでなかったのは規模広大にして常に損失相償わずとの世評があるためで、今回堅曹に貸与するにあたって付してきた損益表によれば12年度以降はようやく利益があるとのこと、ならば今決して払い下げ希望者がないというのは早計である。しかも「資本金ヲ併セテ貸下クルハ後例トモ相成他ニ影響ヲ及ホスヘキニ付」と資金を貸与して払い下げるというのが前例になっては、他に影響を及ぼすので困るとあった。

　だが堅曹は日記に「伊藤参議ノ権ト第一局ノ故障トニ打破ラレタルモノヽ如シ、蓋北海道処分ノ非ナルヨリ来タセシモノカ」と書き、伊藤博文参議の力と農商務省第一局の異議により却下されたようで、北海道官有物払下げ処分が不正ということからきたものか、と書く。官僚をやめ野に下って2年間待ちつづけていた堅曹への貸与は実現しなかった。

　富岡製糸所の払い下げ問題は第一の大きな山場であった。その後8年近

く進展をみないのである。

ふたたび富岡製糸所長へ

　堅曹が大久保利通と岩倉具視に諮った大事業計画の実現は二人の死によって断たれたのだが、部分的には、横浜に生糸直輸出の同伸会社を設立することができ、日本の拠点となる製糸所のひとつ東北の二本松製糸会社が順調であった。あとは富岡製糸所の民営化に全力をつくすことが大きな目標となった。1885 年（明治 18）堅曹は農商務省御用掛になりふたたび富岡製糸所長となった。

　堅曹が製糸所を運営するにあたり、もっとも心を砕いたことは、まず整理整頓、つぎに生糸の品質は工女たちの精神が現れるとして環境を整え、夜学を実行し、人の道を話した。毎年の新年の講話では、自分たちの生糸生産の仕事は日本のためになり、この仕事に誇りをもって取り組んでほしいとその意義を伝えている。職員一同、家族的な和をもってひとつの家庭のような心構えで工男工女たちと接した。

　工女への技術指導については「恩威並び行なわれる」という温かい情けと厳しい態度をもって適切な賞罰をはっきり行い、しかも公平に誠実にやることが大切であるとした。これは最初に所長となった時、月の半分は東京へ行かなければならなった自分の代わりに長野親蔵を現業長において、彼にその心得として堅曹が書き与えた「綱領」に詳しく書いている。

　堅曹が所長になってからおこなった工女たちと関わりの深い行事に、正

月に行う年賀の式がある。所長に就任して初めて富岡で迎えた正月1880年（明治13）1月1日に所員、工男工女たちと年のはじめのあいさつをかわし、2日に酒宴を開いたのが最初である。翌年からは元旦にあいさつ、2日に福引きが行われ、堅曹の講話と歌が詠まれるようになった。86年（明治19）からは業はじめと学校はじめの9日頃に堅曹の講話があり、正月休みの間は、いろいろな遊びがおこなわれるようになった。92年（明治25）には前橋から能役者を呼び能や狂言の鑑賞まで行われ、なんとも賑やかな様子である。その第一回の講話の最後に紹介した和歌

　　　をとめらか　をのこかたりの　おともなし
　　　　　　　おとなしき子や　あつまりにけむ

は堅曹の姉、西塚梅の作である。梅は藩営前橋製糸所の開業当初から14歳下の弟の堅曹を助け、ミューラーから器械製糸技術をじかに学び、前橋製糸所では「師婦」として工女たちをまとめた。関根製糸所でも工女取締として活躍したが、1888年（明治21）63歳で惜しまれながら病で亡くなった。梅が製糸業の仕事をはじめた時はすでに結婚して4人の子供がおり、それから20年余り一意専心して製糸現場に従事した。そのような働く母親ならではの工女たちをみる眼差しが感じられる歌である。

西塚　梅

毎年迎えた富岡での正月に、堅曹が詠んだ詩歌からいくつか紹介する。

　　旧去新来上下均　三千五百万人春
　　請看自立卓然女　紅粉錦裳不頼親　　　　　（明治15年）

　　　⎧ 旧きは去り新しくすべての人に均しくやってきた
　　　⎪ 三千五百万人の春
　　　⎨ どうぞご覧あれ自立し際立って優れた女性たちを
　　　⎩ 彼女たちは化粧品も着物も親に頼らない

　　　　　　花勝前年
　　春ことに　なれみし花も　さらにまた
　　　　　　　ことしはまさる　色香なりけり　（明治17年）
　　手弱めの　よはき手にくる　くりいとは
　　　　　　　わか日の本の　光とそ見る　　　（明治20年）
　　世の人は　知るか知らぬか　富岡の
　　　　　　　いとにぎわしき　年のはじめを　（明治21年）

2006年（平成18）に富岡製糸場の倉庫から「柱隠し」が発見された。
　　しらつゆの　奥ゆかしくも　すむ宿に
　　　　　　　うえたる菊に　千代の色なる　　堅曹

柱隠しの下方には胡粉で菊の花が描かれていた。その板の状態からみて、

長く製糸場のどこかに掛けられていたものとおもわれる。それぞれの詩歌からは自立した工女たちの化粧もして、着飾った立ち姿や働く姿、華やぎ、にぎやかな正月の様子がうかがえる。花に譬え、製糸所が年々光り輝き、いつまでも繁栄つづけることを願う気持と気概が読み取れる。

　経営に関しては、官営時代の慣習となっていた無駄な費用は一切ださず、常に効率を考えて運営に取り組んでいった。たとえば、暴風雨で折れた煙突修理の話と石炭の話がある。

　1884 年（明治 17）10 月のことである。製糸所の煙突は直径 4 尺余、長さ 16 丈の鉄製で、数日前の暴風雨で中央より折れて倒れてしまった。そこで造り替えることを技師に相談したところ「業務を 2 カ月間休み、足場だけで千円以上は費やさなくてはならないだろう」といった。

　堅曹は、この論を採用しないで、以前宇都宮三郎（うつのみやさぶろう）に指導を受けたことがあったので、建築をみずから監督し、他の意見も採りいれないで煉瓦の八角煙突を 3 本建てた。業務は 1 日も休まず経費は全部で 300 円余にてできた。技師に任せていれば、おおよそ 5 千円を費やし、その上 2 カ月休業では、損失ははなはだしかった。

　後日、某フランス人が来て「当所の煙突は少し短かすぎないか」というので、堅曹は「その通りです。しかしながら、最近のイギリスの方法にならってロストル（火格子）面積平方に対する煙突面積平方は 4、3 を基にし、煙突上面に華氏 100 度の熱を持たせ 1 セコンド（秒）に 3 尺の速力に定め、

長さは上口径の 18 倍とした。如何か」と答えたところ、彼は一言もなく「至極ごもっとも」と閉口した。

しかも宇都宮の教えに従い蒸気釜に使う石炭を卵大に砕き、1 時間で使用する量の法則を定め 12 等分し、5 分間ごとに投じ灰を一筋掻くことを励行した。これによって莫大な利益を上げることができた。

堅曹はこのようにして、実例を挙げ「実業の注意とはこのようでなければいけない」と言っている。この煉瓦の煙突は支障もなく、1900 年（明治 33）まで使われた。

資本金の欠損は開業時以来、政府から補てんしていたため借用金が累積していた。1885 年（明治 18）6 月に民間企業と同じように横浜正金銀行から金を借りて、借用分をすべて返済した。経営は黒字化し、それ以降は収益を出しつづけた。

一方製糸所の処分に

富岡製糸所営業損益一覧表

（単位円　△は欠損）

年度	営業費	営業収入	損益
明治12	119,089	56,256	△ 62,830
13	238,683	245,502	6,829
14	366,773	451,601	84,828
15	232,374	184,627	△ 47,747
16	200,494	158,738	△ 41,756
17	361,203	345,788	△ 15,414
18	152,763	171,992	19,229
19	168,765	183,234	14,468
20	202,674	214,167	11,491
21	228,353	229,871	1,518
22	不詳	不詳	不詳
23	387,367	399,455	12,088
24	151,043	154,665	36,22
25	156,773	213,499	56,726
26	142,540	223,658	81,118

注　円未満切り捨てのため、損益は数字が合わない。
出典　「農商務省上申　富岡製糸所開業以来営業損益一覧表」（国立公文書館蔵）
　　　『農商務卿報告』第 3 回、第 4 回
　　　『農商務省報告』第 5 回〜第 13 回

ついては1881年(明治14)に新設された農商務省が監督省庁となった。毎年のように大臣が交代して進展が一向にみられなかった。所長の堅曹も現場をあずかる担当者として腹に据えかね、88年(明治21)井上馨が農商務大臣に就いた時、いったい誰の精神でやればいいのか、とかみついた。

  堅曹「明治政府は農工商のことがお嫌いなので何事もお取り上げにならない」
  井上「それはどういうことか」
  堅曹「明治14年本省が置かれてからわずか7年の間に7大臣の更迭があれば、誰の精神に基づいて行動することもできない」
  井上「一言もない。私もまた明日の更迭が予測できない」
  堅曹「では、この談話は無益ではないですか」
  井上「いや違う、私は必ず組織を固めておく」

このような具合で、製糸所の処分は組織のなかで先送りにされていく。だが、堅曹は大臣が交代すれば必ず話し合いをもち、時には最初から処分に関わっている松方正義大蔵大臣や品川弥二郎農商務大輔に相談し、製糸所をはやく最善のかたちで民営化するよう訴えていった。

そのようななか、堅曹は1889年(明治22)4月製糸所の休憩時間に馬を乗り馴らしていて落馬した。腰骨を折る大けがで、直後は半死半生であっ

たという。半年以上寝たきりであった。生涯杖を手放せない不自由な身となってしまう。それは落馬直後の治療が適切でなかったこと、生繭買い入れの季節で一番忙しく安静にしていられなかったことが原因であると書いている。

　これまでのように、堅曹は自由に東奔西走することがかなわなくなった。

製糸所払い下げ処分

　暗礁に乗りあげたかにみえた富岡製糸所の処分問題は1890年（明治23）になると騒がしくなる。この年の8月はじめ「富岡製糸場払下事件」なる記事が新聞紙上に掲載されたからである。複数の新聞が報じている。

　それは、数日前に新聞で富岡製糸場が渋沢栄一、益田孝に払い下げられる見込みであると報じられたが、それは誤報であったという一件である。

　　先日、陸奥農商務大臣が上野にて博覧会残品始末方に付き、府下の
　　紳士の面前にて例の大声にて、富岡製糸場は本省にても厄介者なれ
　　ば払下げ度く思ふなり。渋沢益田等の両君にて十萬円許りに買求め
　　呉れては如何と語り出でられしより、両氏は夫は真平御免なり。然
　　し乍ら其価格は二、三万円位のものならんと答へしより。
　　陸奥大臣は松方大臣に右製糸場の払下げ代価は若干位と問はれさる
　　処、矢張り二、三万円に売れば上都合と答へられさるより。
　　陸奥大臣は或る時、右等の諸氏に松方氏は存外に能く物を知り居る

などの一笑話が誤り伝へて居に、尾を附けて言ひ噺せし事なるも二、三万円にても右両氏は買求むる気込みは更に無之やに聞ける

　　　　　　　（『読売新聞』明治23年8月7日2面　句読点引用者）

　陸奥宗光農商務大臣が、先日東京の紳士たちの集まっているところで、大声で富岡製糸場は本省にても厄介者なので払い下げたいとおもっている、渋沢や益田の両氏で十万ばかりで買い求めてはいかがか、というと二人は真っ平御免である、しかも価格は2、3万円くらいのものだろうと答えた。そこで大臣は松方正義大蔵大臣に尋ねたところ、やはり2、3万円で売れば好都合と返事したという。そこである時大臣は諸氏らに松方は存外によく物を知っておるわ、と笑い話で語ったところ、それに尾ひれがついて、渋沢益田払下げ情報の誤報となったのである。

　富岡製糸所の払受人として、財界の有力者で創業時の中心人物渋沢栄一と三井物産社長益田孝の名前は以前から取り沙汰されていた。今回は本当か、ということで各新聞社が噂の段階で記事にしたようである。記事からは当時所管の農商務大臣が諸氏の面前で製糸場をはっきり「厄介者」とみなし、誰彼なく払い下げの声をかけていたことが分かる。しかも価値もよく分からないでである。富岡から遠く離れ現場を知らない政府の中枢にいる人たちにとって、払い下げ問題は容易に結びつかず、厄介払いの案件にすぎなかったのである。

このような政府の状況を嘆くのは所長の堅曹であるが、中央でもこのような大臣らの挙動をなんとかしたいと動いてくれる人がいた。

堅曹より東園侍従を通じて明治天皇に上奏された「富岡製絲場報告」

10月に入ると一気に事態が動いた。10月4日に宮内省の東園基愛(ひがしぞのもとなる)侍従が製糸所を訪れ、帝室のものとなることが検討された。その時、堅曹から侍従を経て天皇のお手許へ届けられた報告書が現在宮内庁に残っている。「六十五年記」には、勅令をもって侍従を遣わされるとは特別なことであるので丁寧に応対し、その年1月の演説の控えと富岡製糸所の長歌(ちょうか)を一覧に供した、とのみ書かれている。

しかし報告書には侍従らに書写された演説文と長歌のほかに、堅曹が1875年（明治8）調査した「富岡製糸場現在之景況」、79年（明治12）の口演控え、90年（明治23）の会計法の件を論じた建策書など5通の書類が一緒に届けられた。これらは富岡製糸所の改革の変遷と、この年から施行された会計法によって製糸所の経営がどのような影響をうけるかがわかる内容である。つまり富岡製糸所のあり方について、宮内省で是非十分審議を尽くしてほしいという堅曹からの懇願的な上申書であったとおもわれる。

この時に天皇のお手許へ届けられた長歌

　　　　富岡製糸所の長歌

上つけの　かむらあかたは　あまさかる　ひなにはあれと　西には 妙義浅間　南には　みかほいなふくみ　高山そ　つらなりたてる 川はしも　たえず流れて　岩瀬こす　音さへ清し　春されば　花ぞ 咲ける　秋されば　紅葉そ染る　はる秋の　つはめもかりも　久か たの　雲路行かひ　遠ち近ちの　田ゐに啼なり　そこらくに　見れ ともあかす　かはかりの　あかたなれこそ　八隅しゝ　わか天皇 富岡の　里をえらはせ　夏引きの　桑子のいとを　いや沢に　くり 出すへき　うつはもの　備へたまへれ　男らは　百人つとひ　をと めらは　五百人つとひ　おのもおのも　打きそひつゝ　ひるはも なりをいそしみ　夜るはも　文をし学び　年まねく　十とせはたと せ　つきつきに　たゆむことなく　かにかくに　いそしむなへに とつ国に　名をもあけてき　我国の　富のもとゐは　とみをかの 里にぞありける　大やまと　国のさかえは　くりいとの　いとにそ ありける　此里に　しく里はなく　此いとに　しくいとはなし　里 もよし　糸もよろしき　上野の　甘楽あがたを　来ても見よかし
　　　　富岡の　里のをとめか　くり出す（いだ）
　　　　　　いとながくこそ　国は栄えめ

1年前に落馬で腰を骨折し、動くことがままならなくなった堅曹は以後、

長歌を詠むことが多くなった。この歌は自分の官舎であるブリュナ館の南側のベランダから眺めた景色である。製糸所をぐるりと囲む上州の山々、すぐ目の前を流れる鏑川の水音、花が咲き鳥がおとずれる四季折々の風景、500人もの工女たちが一生懸命繰糸に励む姿。堅曹の長歌は鮮やかな錦絵よりも富岡製糸所の生き生きとした働く姿とその意味を立ちのぼらせて描かれている。

　天皇はこの長歌に接し、国家のために富岡の地にある製糸所の自然豊かななかにも、富を生みだす男女工の実相を感じ取ったのではないだろうか。

　2日後、葦原清風農商務省会計局長が堅曹のところに来た。製糸所は公売に付すと内閣の意向が決まった。準備があるので至急葦原に同行して来るようにとの大臣の内命が伝えられた。

　堅曹は思案する。来年度の予算も決まって官制も決まったこの時期に公売に付すと決めたというのはおかしい。陸奥大臣と某伯によるもので他の大臣にその意がないのは明らかである。このような動きを心配した人たちが宮内省に働きかけてくれて、数日前の東園侍従の訪問となったのだろうと考えた。

　そこで堅曹は葦原会計局長に、公売に付すと決めておきながら維持の成否も問わずに意見を聞くというなら、理解しがたいと伝えてくれればいい。だから同行はしない。それより公売について心配な点が二つある。ひとつは将来の維持を考えず一時の利益を目的として払い下げ、日本の核となる

製糸所が取り崩され失われること。もうひとつは日本人の名で払い下げて実際は外国人の所有になること。この二点だけはくれぐれも注意をして、「永続を主眼」とする払い下げ先を選ばなくてはいけない、と強く念を押した。

　半月後の10月19日、徳大寺実則侍従長が堅曹を訪ねてきた。天皇のお言葉が伝えられ、その内容は明らかにされないが、趣旨に堅曹は感泣した。各大臣次官らは製糸所を帝室所属にするため大いに周旋してくれたが「種々の嫌ひ有て」決まらなかった。10月29日、政府は閣議で製糸所を公売処分にすると決めた。葦原会計局長からは「永続主眼の公売」であると堅曹に伝えられた。

　翌年（明治24年）5月払い下げの広告がだされ、6月15日に入札が行われた。2人の入札があったが予定価格の5万5千円に達せず、予定価格とは大差があるため払い下げは無理と判断し、再入札も見合わせると決まる。しばらくは払い下げを断念して依然官業のままでいくこととなった。

　入札がうまくいかない理由として、規模が大きすぎることと資金の問題、海外市場の需要に左右される製糸業の経営の難しさなどが挙げられよう。払下げ先は決まらなかったものの、この頃の製糸所の景況はすこぶるよかった。「農商務省報告」から抜粋する。
　　1890（明治23）年度
　　　　漸次進歩ノ効ヲ著シ海外ノ信用一層厚ク米仏両国ヨリ注文糸ノ

申込絶エズ
　1891（明治24）年度
　　　海外ノ信用ハ益々厚キヲ加エ殊ニ米国向ノ如キ前年度ニ比シ殆
　　　ント四倍余ヲ製造シテ出荷セリ
　1892（明治25）年度
　　　海外ヨリハ続々注文糸ノ申込アルヲ以テ其信用ノ益厚キヲ加ヘ
　　　シヲ知ルヘキナリ

　製品はよくなり、海外の信用は厚くなって、米国向けの糸などは飛躍的に増えている。注文糸の申し込みが絶えないとある。営業利益も黒字で推移し、工女たちの生活も、正月は「いとにぎわしき」で、「国は栄め」と国家の利益のために一生懸命に働き、「不頼親」と親に頼らない生活を送る。その意味では、皮肉にも、この時期は大変充実した官営時代最後の時であった。堅曹の手腕と意向が遺憾なく発揮された結果であろう。

　1893年（明治26）5月、再度の入札が決まった。すると、自由党党首の板垣退助が代理をたて富岡製糸所の払下げの話をもってきた。堅曹は直接本人とでないと話はしないとし、7月2日板垣は富岡に来て、堅曹の官舎（現・ブリュナ館）に一泊した。板垣は有志に周旋し、富岡製糸所を益々盛んにして国家の基本業にしたいという考えであった。堅曹は資産のある華族ならばいいと答え、板垣も同意して、国会で議論して特別の払下げにしよう

と周旋をはじめた。しかし入札準備はすすみ、8月には新聞に売却入札広告も出て、板垣の奔走は間にあわなかった。

　結果、最終的に「永続を主眼とする」入札払いとなり、9月10日2度目の競争入札がおこなわれた。12万1460円で三井家に落札され、富岡製糸所は21年間の官営時代の幕を下ろした。

富岡最後の日

　伊藤博文内務卿と議論の末、堅曹が所長を引き受けてから14年の月日がたった。その時にはすぐにでも民営化するつもりであった。だが、時局の変遷、政局のごたごた、政府の思惑、国の財政悪化など、払い下げに優位な状況に決してならなかった。それでも堅曹は日本の亀鑑製糸場として民営化するのが最善であるとの確固たる意見をもって処分に臨んできた。外から批判するのはたやすいが、その渦中にはいって改革を行なっていくのは並大抵ではない。自分が担任となってやると決めてからは批判をするのではなく、全力を尽くして取り組んできたといえよう。

　富岡を去るにあたって堅曹は、所内の損傷している箇所をすべて修理し、在任中に亡くなった工女たちの墓を町内の龍光寺に建て、北甘楽の道路普請に寄付をした。「もし我に委託せば我誓って官行にまるで倍せし功を為し国家の模範とせん。もし我に依頼せず担任者来たらば養子とみなし、よく百事を教授して立派に継続なさしめん」と請われれば富岡に残り、民営企業として経営を行ない官営以上の利益を出し国家の模範としよう。別な担

当者がくるのであれば、全般を教えて立派に継続させたい、という希望をもつ。この一文は、堅曹がいかに富岡製糸所に愛着と一抹の未練をもっていたかがうかがえる。地元の人びとからも家を用意するのでぜひ残ってほしいと懇請された。ところが三井家からはお引き取りねがうことを伝えられた。

11月に入って近隣各地で送別会がおこなわれた。総代郡長は「語に曰く功成り名遂けて身退くと此れ速水堅曹君之謂也」とあいさつをした。ちょうど近隣の山々は紅葉が盛りであった。

　　名にしおう　紅葉の錦　きて見れば
　　　　　　　冬のはじめも　のとけかりけり
　　思ひきや　名にのみ聞し　紅葉の
　　　　　　　花にもまさる　錦みむとは

人生の大きな仕事を終えて、錦に染まる山々を眺める堅曹の心は穏やかであった。

11月19日、製糸所を去るその日は役員家族、工男工女、小使いにいたるまで全員に見送られ、有志等200余人が高田川の別保橋のたもとまで送ってくれた。およそ100人は人力車50台を連ねて10キロほど先の安中停車場まで「送　速水堅曹君」の大旗を翻して進んでいった。その車列は「田舎にては空前の盛挙と云ふ可し」と盛大なものであったと伝えられて

いる。ある年の冬晴れの日、私もその道を車で走ってみた。安中駅へむかう山道は平らな場所にでると眺望が素晴らしく、冬空が伸びやかに晴れわたって、左手にくっきりと妙義山が見えた。その景色はまさに120年前の「晴天和暢(せいてんわちょう)」のその日を彷彿とさせるものであった。

　14年間尽した製糸場を離れるこの時、堅曹の気持は複雑なものを秘めていたとしても不思議ではない。4年前には製糸場で腰部を骨折する大けがをして、杖を離せない不自由な身となった。それでも最後までつとめあげ、無事払い下げをすませ、わが子のように愛した製糸場を去った。

第五章　伝える

後進の指導
　富岡を離れた堅曹はその後実業に関係することは一切なく、「世人の問に応じて知りたる儘に答ふるのみ、是より楽業を学ばん」という生活であった。頼まれれば大日本蚕糸会や大日本農会などで演説し、蚕糸業関係の雑誌に論説を書き、取材をうけた。趣味の謡曲を心ゆくまで楽しみ、神道・儒教・仏教の大道を研究した。

　東京に引っ越してからは「爾来訪問者頗る多し」と書く。こんなエピソードがある。

『大日本蚕史　正史・現業史』という1898年（明治31）8月に大日本蚕史編纂事務所から出版された本がある。著者の佐野瑛という人は山梨出身の人で何の肩書も所属もない貧しい書生であった。ある時日本の蚕糸業の歴史を体系だてた本を出さなくてはいけないと一念発起した。病にたおれたり借金に苦しんだりしながらも、それにめげることなくがむしゃらに8年の歳月をかけて資料を

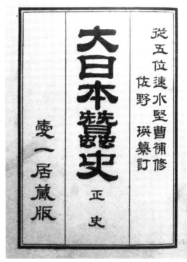

『大日本蚕史』

あつめ『大日本蚕史』を書き上げた。そして上梓した翌年に34歳の若さで亡くなってしまった。

　彼は出版にいたるまでの苦労を冒頭の「自序に代ふる辞」で綴っているが、そのなかに堅曹との出会いについて次のように書いている。

　　本を書くにあたって蚕糸業の大家の話を聞きたいとおもい、いろいろなところを訪ねたが、自分が一介の貧しい書生で落ちぶれてみすぼらしいため、どこでも面会を拒絶された。しかし唯一受け入れて快く会ってくれたのが速水堅曹氏その人だった。懇談は回を重ね、多くの史料を与えてくださり、これからも一層奮闘して調査を遂げて日本の蚕糸業のためになるようにと、細かなことまで慈しんで教

えてくださった。この本を編纂するにあたり開港以来明治時代の斯業のことを研究できたのは実に堅曹氏のお陰である。

　堅曹はこの『大日本蚕史』の校閲もひきうけた。分け隔てなく人に接し、見込みがあるとおもえば、心底面倒をみた。人を見る目に長け、若い有能な人材をこうして育てていった。

　当時の雑誌に堅曹の口癖が書いてある。負けん気の強い好漢は「一向訳もない」という。懇意な人が来て、心配なことや、何かいい方法がないだろうかと尋ねると、どんな難しい問題でも「それは一向訳もないことだ」といって、頭からこなしていく。相手に心配するな、わけないことだ。こうすればいい、と具体的に答え、的確に助言を与えるのであった。

　蚕種で有名な群馬の島村勧業会社の栗原勘三が、東京出張所を開こうと上京してきた時の日誌がある。1878年（明治11）3月、栗原は東京銀座の煉瓦街にやってきて、紹介された物件を購入しようかどうか迷っていた。建物を見て、金額もまあ妥当だとおもう。鉄道の駅には近いし、特に煉瓦造りならば火災の心配もないとほぼ決め翌日会社へ手紙をだした。しかし胸中不安があったとみえ、当時煉瓦街に住んでいた速水堅曹の家を訪ねた。在宅であったので面会をして、煉瓦石作りの家屋を買うことを話すと、昨年頃より今の安値の状況であるという。これを買うか買わないかの考え方を問うと、「買フモ理アリ買ハザルモ説アリ、買フニ資スルヲ可ナリ」と言っ

た。買うにも理屈があり、買わないのにも意見がある、これを買うと役に立つ（助けになる）のならそうすべきだ、という意味であろう。栗原はこれを聞いて心が決まった。

　この時に堅曹が「一向訳もない」といったかはわからない。だがだれの話も丁寧に聞き、できるかぎり助言していたことがよく分かる。この煉瓦街の物件が島村勧業会社の東京出張所になり、ここを拠点に田島弥平らは毎年イタリアへ蚕種の直販にでかけた。

　堅曹が最晩年に銀杯を賜った時の推薦文には「改良ノ範ヲ示ス等四十余年一日ノ如ク（中略）養成シタル技術者カ各地ニ散在シ主脳ト為リテ精勤シタルノ効與テカアリ」と書かれている。堅曹の成就した仕事が、どのようなものであったかを物語る。

　1883年（明治16）9月に「仏国ノ例ニ倣ヒ、横浜ニ生糸ノ検査所ヲ起サント農務局員及局長ト談シ、調査ヲ始メル」と堅曹みずからが提案をして準備をすすめてきた横浜の生糸検査所は、1896年（明治29）8月に落成した。堅曹は勤務を勧められたが断った。開所式の集合記念写真をみると、堅曹が育てあげ、立派な製糸の専門家になった人たちがずらりと並んでいる。後進に未来を託したのである。

最後の仕事

　60歳の時、大役が急きょまわってきた。1899年（明治32）9月の農商

務省農務局主催の「蚕糸業諮問会」の委員長代理である。堅曹は退職し長らく第一線を離れていたが、7月に委員を嘱託された。本来なら官僚トップの農商務次官が委員長で司会をするのだが、事情があり欠席ということで、堅曹に委員長代理として司会役がまわってきた。全国から各県代表の製糸家50人ほどが集まり、10日間にわたって開催された会議である。速記録が残されている。

　会議は連日、朝10時からはじまり昼食をはさんで午後3時過ぎまで行われた。議案は繭質、蛹、製糸器械、生糸等の改良や方法に関するものである。議題によっては、会議後に委員会を開き、その結果を翌日報告して建議書をまとめた。製糸家たちの発言はすこぶる活発で、対立する意見もおおく、司会の役割は重要であった。だが、概して、見事な裁き方である。すべての事項に精通し、発言者の背景や個性も熟知していなければ、そうはいかないのではないかとおもう。

　当時、堅曹の体調はあまり良くなかった。初日のあいさつで「御承知ノ通ニ近来病気勝チデ殊ニ耳ガ遠クナッテ」うまくできますかどうか、と断りをいれている。4日目の会議の冒頭では「平生足痛ノ上近来病気デゴザイマシテ已ムヲ得ズ斯様ナ姿ヲ致シテ」というあいさつがあった。「斯様ナ姿」というのはどんな姿なのか気になった。腰部の骨折以来、杖をついて歩いていたが、足の痛みはずっとあり、他に内科的な病気もあった。それを押しても引き受けなければならないほど、他にやれる人がいなかったと理解してよいであろう。「折角ノ御命ヲ勤メズシテ御断リ致シマスノハ、相済ミ

マセヌ」と語っているので、蚕糸界の向上に覚するなら、という堅曹の熱意が引き受けさせたのだろう。晩年は「製糸界の元勲(げんくん)」などといわれていたが、速記録を読むと、それにふさわしい人物であったことが確認できる。

三国一の父・晩年

堅曹は明治29年（1896）5月に56歳で農商務省を退職すると、東京の神楽坂(かぐらざか)の近く牛込区揚場町(あげばちょう)（現・新宿区揚場町）に引っ越しをした。たぶんその頃ではないかとおもわれる家族写真がある。堅曹は1877年（明治10）に群馬県の前橋から東京・銀座の煉瓦街、京橋区日吉町（現・中央区銀座）に一家で引っ越してきたが、長く群馬と東京・横浜を行き来する生活を送っていた。富岡製糸所を民営化して東京に戻ってきてからは浅草区旅籠町(はたごちょう)（現・台東区柳橋）に居を構えていた。堅曹は25歳の時に前橋藩士石浜與作(よさく)の次女こうと結婚し、3男4女の子宝に恵まれた。長女と四女は早くに亡くしたが、娘をそれぞれ嫁がせ、長男と次男の結婚を見届けた。三男は妻の実家石浜家へ跡取りとして養子入りをさせた。

次女の久米は医師の栗本東明(くりもととうめい)に嫁ぐ。彼女は

家族写真
中列右から二人目が堅曹、三人目が妻こう

長男の嫁に、堅曹は「三国一の父」であった、とても尊敬していたと語っている。家庭を大切にする良き夫、良き父であったのだとおもう。

　60歳を過ぎた頃の堅曹を取材した記事がある。「長身痩駆にして温乎の風貌なしと雖も、爛々たる眼光人を射り、気骨稜々として壮者を凌ぐの概あり」とその風貌を伝えている。しかも「資性甚だ豪放且つ清廉潔白にして、以上の経歴を有するに拘らず子孫の為めに富を作りたることなく、余裕あらば悉く之を生糸業の奨励若しくは公共の用に注げり」と書いている。高級官僚まで上り詰めた堅曹である。だが、別荘や土地などの財産はなく、「清廉潔白」といわれるそのままの、私利私欲のない人であった。

　1907年（明治40）、『蚕業新報』で創刊15周年を記念して「蚕界拾二傑投票」という企画が行われた。200万人の読者の投票によって蚕糸界の12傑を選ぼうというものである。12傑とは春、夏、秋それぞれの「蚕種製造家」「風穴蚕種製造家」「完全風穴業家」「蚕学者」「蚕業教育家」「蚕業器械業家」「蚕業名望家」「桑苗業家」「製糸家」「生糸貿易家」である。
　この記事を初めて読んだ時、堅曹はどの分野になるのだろう、公職から離れて14年がたち、年齢も68歳である。いったい選ばれたとしてもどのくらいの票があつまるものだろうかと、内心期待と不安をもって雑誌のページを繰った。堅曹は「蚕業名望家」に名前が挙がっていた。それは「蚕業の改良進歩に効を奏し泰斗として仰ぐべき者」とされている。数ヵ月にわ

たり投票が行われ、途中経過も発表されて、最終結果が7月号に載った。速水堅曹は次点に2000票近く差をつけて「蚕業名望家」第1位である。

最晩年にいたっても、人びとから高い名声と人望を得ていたことがわかり、堅曹が近代日本の蚕糸業に尽くした功績が評価されつづけていたのだと知ることができた。幼い頃「顔回になる」と誓ったとおり、精進して、利他に生きてきたことにほかならなかったといえよう。

晩年の堅曹

堅曹は履歴書に「自己ノ営業ト違ヒ専ラ利他ノ勧奨的事務ナレハ」と書き添えている。日本の第一の貿易品である生糸をいかに世界に匹敵するものにするか、という大きな志を掲げ、一心に邁進した人生であった。

『蚕業新報』の「六十五年記」連載にあたって編集者は堅曹のことを「卓犖不羈(たくらくふき)」という言葉であらわした。「他より抜きんでて優れていて、何ものにも束縛をうけない」という意味である。それは、堅曹が権力におもねらないその言動と出処進退の鮮やかさをよく知る言である。

1912年(大正元)の9月頃から病で床に伏す堅曹であった。その年の年末に横浜の南太田町(現・横浜市西区霞ヶ丘)に転居をした。その頃訪れた『蚕

業新報』の記者は死去を告げる「社説」に次のように記す。

「横浜の新居に移転の後、病状軽快の兆しあり、(中略) 元気旧の如く旺盛、国家の前途蚕業の現状に対し熱心其抱負を説くまた病苦の身にあるを知らざるが如し」

しかし「病勢俄かに革まり」亡くなった。「その没するの日は飲食服薬を禁じ遺言漏す所なく泰然として死期の至るを待ち以て大往生を遂げられしと云ふ。また以て其修業の深きを見るべし」

最期まで日本の蚕糸業の行く末に心をくだきつづけ、深い精神修養をもって世人を警醒した。堅曹は1913年（大正2）1月17日、生糸貿易の隆盛を極める横浜の、港を遠望できる地で74年の生涯を閉じた。

速水堅曹の墓（取手市・瑞法光寺）

速水堅曹翁を偲ぶモニュメント（取手市・瑞法光寺）

※本文中、現代社会において不適切と見なされる用語が使われている箇所があるが、原文の歴史性を考慮して、そのままとした。本書の性格に鑑み、読者の理解を得たい。

速水堅曹　年表

西暦	年号	歳	月日	出　来　事
1839	天保10	0	6.13	川越藩士速水政信の三男として埼玉県川越市に生まれる
1849	嘉永2	10	10.13	父政信亡くなる　遺跡を相続
1852	嘉永5	13	11	元服　初めて藩の勤務に就く
			12	本禄を賜う　七石二人扶持
1855	安政2	16	3～7	お台場警衛のため東京高輪に4カ月勤める
				徳川斉昭から「一段の事なり」の言葉をもらう
1861	文久元	22	12	藩主松平直克　家督相続
1863	文久3	24	12	藩主の上京に供奉して京都へ行く（～翌年8月）
1864	元治元	25	9.29	川越藩士石濱與作次女幸と結婚
1866	慶応2	27	9	前橋城再築国替えに付き、前橋に転居（前橋藩士となる）
1867	慶応3	28	10.30	藩主の秘密の御用で結城、銚子へ行く
				この後しばしば御内用、密議あり
			12	郷兵取立ての建議をする
1868	慶応4	29	8	砲隊へお取立、家禄十二石三人扶持
			9.1	初めてお目見えする
1868	明治元	29	10	生糸を改良する内議が決まる
				藩命でしばしば横浜に行く。神奈川県知事寺島宗則らに相談して藩の生糸売込店の出店準備にあたる
1869	明治2	30	3.31	藩営生糸売込問屋「敷島屋庄三郎商店」を横浜本町2丁目に開店
			5～9	生糸改良と商売の実地体験のため福島地方に出張
				「百万の富人を百万人作る」と決心する
			9	横浜にて英一番館と前橋藩との船購入のトラブル処理にあたる。裁判をする（～翌年4月）
1870	明治3	31	3.25	スイス領事館へ行き領事シーベルと相談
				ヨーロッパの生糸相場表を見て生糸改良を痛感
				教師を雇うべきと助言される
			5.15	藩の生糸取締役となる
			6.4	スイス人生糸教師ミューラーを雇う（4カ月契約）
			6	日本最初の器械製糸所「藩営前橋製糸所」を細ヶ沢（前橋市住吉町）に設立
				全国から見学と伝習を希望する者が訪れる
1872	明治5	33	10.4	［官営富岡製糸場開業］
1873	明治6	34	3	福島県知事から製糸場新設指導のため招かれる
			6.18	「二本松製糸会社」開業（日本最初の株式会社）
			8	福島県中属となる
			11.1	松方租税権頭へ製糸の件を建白する

西暦	年号	歳	月日	出来事
1874	明治7	35		養蚕製糸所「研業社（関根製糸所）」を勢多郡関根村（前橋市関根町）に新設
			7	黒田開拓次官来て北海道に招かれるが断る
1875	明治8	36	3.4	内務省九等出仕となる
			3	富岡製糸所の経営調査をする（日本最初の経営診断）
				群馬・福島を巡回
			6	五代友厚と密談
1876	明治9	37	4.10	米国フィラデルフィア万国博覧会へ繭糸織物等の審査官として渡米（〜9.8帰国）
			11.13	東京京橋区日吉町（中央区銀座8丁目）に転居
1877	明治10	38	2	［西南の役］
			8〜9	群馬・栃木・長野・岐阜・埼玉を巡回指導
			10	第一回内国勧業博覧会の審査官を務める
				日本における審査官の始め
1878	明治11	39	3.28	内務省御用掛・准奏任となる
			3.29	千住製絨所長となる
			5.14	［大久保利通暗殺される］
			11	群馬・長野を巡回指導
1879	明治12	40	4.7	富岡製糸所長となる（兼務）
			9.24	千住製絨所長兼務を免じられ、富岡専任となる
			11	横浜繭生糸共進会で審査部長を務める
				繭生糸審査法を定める
			12.3	向島八百松楼で同伸会社の発起演説を行う
			12.8	福沢諭吉と初めて面談する
1880	明治13	41	2.1	富岡製糸所第一号館（ブリューナ館）に転居
			4〜5	静岡・滋賀・岐阜・石川を巡回指導
				・富岡製糸所を速水堅曹の私有に委任する密議あり
			11.24	内務省御用掛辞任、富岡製糸所長を辞める
				教師として引続き指揮監督することを委嘱される
			12.15	生糸直輸出会社「同伸会社」横浜尾上町6丁目にて創業
				頭取となる
1881	明治14	42	3	第二回内国勧業博覧会の審査官を務める
			4.2	同伸会社々員2名フランスリヨンに出店のため渡仏
			5	同伸会社米国支店を定める
			10	群馬県繭共進会の審査長を務める
			10	横浜生糸荷預所事件おこる
				・この年より岩倉右大臣としばしば密談をする

西暦	年号	歳	月日	出来事
1882	明治15	43	5.8	富岡製糸所を堅曹に委任する件中止となる
			9	桐生の七県連合繭糸織物共進会で審査長を務める
1883	明治16	44	5	製糸諮詢会掛を務める。蚕糸協会を創立する
			7.19	〔岩倉具視亡くなる〕
			10	富岡の繭共進会で審査長を務める
1885	明治18	46	2.6	同伸会社頭取を辞任 再び官吏になる
			2.13	農商務省御用掛准奏任、富岡製糸所長となる
				この年より1893年払い下げまで黒字経営とする
			3	繭糸織物陶漆器共進会の審査御用掛を務める
1888	明治21	49	3〜4	大分・熊本・長崎を巡回指導
			3.26	九州連合共進会褒章授与式に出席
			10	山梨へ出張 山梨県共進会褒章授与式に出席
1889	明治22	50	4.13	富岡にて落馬、腰骨を挫く
1890	明治23	51	10.19	徳大寺侍従長内勅を持ってくる
1891	明治24	52	6	富岡製糸所の競争入札行れる 予定額に達せず
1892	明治25	53	2.22	正六位に叙せられる
1892	明治25	53	6.26	勲六等に叙せられ、瑞宝章を賜る
1893	明治26	54	7.2	板垣退助来て一泊、懇談する
			9.10	再び富岡製糸所の競争入札 三井高保が落札、払い下げ
			10.1	富岡製糸所を三井家に引き渡す
			10.2	非職となる
			11.19	東京浅草区旅籠町（台東区柳橋）に転居
1894	明治27	55		・謡曲を学び、神儒仏の大道の研究を楽しむ
			4	日本蚕糸会にて演説
			4	大日本農会にて演説
1895	明治28	56	3	日本蚕糸会にて演説
				横浜に生糸検査所設置 勤務をすすめられるが断る
1896	明治29	57	5	非職を辞す
			6	東京牛込区揚場町（新宿区揚場町）に転居
			11	臨時博覧会評議員となる（1900年パリ万国博覧会）
1897	明治30	58	4	大日本農会より紅白綬有功章を贈られる
1899	明治32	60	7	蚕糸業諮問会委員を委嘱される
1905	明治38	66	4	大日本蚕糸会より金賞牌を贈られる
1912	大正元	73	12	正五位に叙せられ、銀杯一組下賜される
			12	横浜南太田（横浜市西区霞ヶ丘）に転居
1913	大正2	74	1.17	自邸にて病没 享年74

あとがき

　全く個人的な理由から速水堅曹という人物を調べはじめて今年で14年になります。初めのころは好奇心の赴くまま資料を読みあさり、前橋通いをし、ご子孫の方たちとお会いしてお話をうかがいました。そうしているうちに、探していた自伝の雑誌連載分が見つかったり、もうないといわれていた川越の古いお墓が見つかったりと、不思議としかいいようのない出来事が次々と起こりました。そうなると、身の程も知らず、速水堅曹のことを明らかにするのは自分の使命ではないかとおもうようになりました。

　追い風のように、堅曹が所長を務めた富岡製糸場を世界遺産にする運動がはじまり、10年をかけ、2014年6月に「富岡製糸場と絹産業遺産群」として登録されました。私はその年の夏に『速水堅曹資料集－富岡製糸所長の前後記－』と『生糸改良にかけた生涯－日記と自伝の現代語訳－』を上梓させていただきました。それを記念して8月30日、前橋市が石井寛治東京大学名誉教授と内海孝東京外国語大学名誉教授のお二人を招いて、文化講演会「日本製糸業の先覚　速水堅曹を語る」を開催してくださいました。私にとって夢のような集大成の日となりました。

　2年がたち、今度は市民にわかりやすく速水堅曹のことを書いたらどうか、とご提案いただきました。『速水堅曹資料集』の「堅曹の素描」をもとに新たにわかったことを加え、堅曹の人となりを主題にして書かせていただきました。まだ及ばない点も多いとおもいます。お読みいただき、ご意見を賜れれば幸いです。

　執筆に際して、内海孝先生に多くのご教示を賜りました。厚くお礼申し上げます。

　最後になりましたが、速水堅曹の顕彰をおこなってくださっている前橋市の取り組みに深く感謝いたします。主事の南雲里紗様にはお世話になりました。特に執筆を勧めてくださった参事の手島仁様には心よりお礼を申し上げます。

　　　2016年7月　　　　　　　　　　　　　　　　　　　　　速水美智子

〈参考文献〉
○『速水堅曹履歴抜萃　甲号自記』群馬県立文書館　速水益男家文書
○『速水家累代之歴史』群馬県立文書館　速水益男家文書
○『蚕業新報』174 号　蚕業新報社　1907 年
○『実業世界　太平洋』第 4 巻第 13 号　博文館　1905 年
○『東京出張所地所并ニ煉化家屋買入日誌 附勧業会社寄留記』群馬県立文書館　田島弥平家文書
○『群馬県史　資料編 23　近代現代 7』群馬県　1985 年
○『前橋市史　第三巻』前橋市　1975 年
○『川越市史　史料編近世 1』川越市　1978 年
○『岩代町史　第一巻』岩代町　1985 年
○『岩代町史　第二巻』岩代町　1989 年
○『米国博覧会報告書　第二』米国博覧会事務局　1876 年
○『大正元年叙位十二月　巻二十六』国立公文書館所蔵
○『明治十八年公文録　太政官 5 月全』国立公文書館所蔵
○ 川村朝夫・川村敏夫編著『川村家の記録 I』川村家　2014 年
○『大久保利通文書　第九』日本史籍協会 1929 年
○ 佐々木克監修『大久保利通』講談社　2004 年
○ 鈴木三郎『絵でみる製糸法の展開』日産自動車株式会社繊維機械部　1971 年
○ 金井圓・広瀬靖子編訳『みかどの都』桃源社　1968 年
○『THE FAR EAST』 February 16th,1872
○ 加藤隆・阪田安雄・秋谷紀男編『日米生糸貿易史料　第一巻・史料編 1』近藤出版社　1987 年
○ 藤本實也『開港と生糸貿易　下巻』名著出版　1987 年（原本は刀江書院　1939 年）
○ 大塚良太郎編『蚕史（前編）』大塚良太郎　1900 年
○ 佐野瑛『大日本蚕史　正史・現業史』大日本蚕史編纂事務所　1898 年
○ 本多岩次郎編纂『日本蚕糸業史　第二巻』大日本蚕糸会　1935 年
○『農務顚末　第三巻』農業総合研究刊行会　1955 年
○ 石井寛治『日本蚕糸業史分析』東京大学出版会　1972 年
○ 石井寛治『近代日本とイギリス資本』東京大学出版会　1984 年
○『蚕糸業諮問会議事速記録』農商務省農務局　1899 年
○『富岡製糸場誌（上）』富岡市教育委員会　1977 年
○『渋沢榮一伝記資料　第二巻』渋沢榮一伝記資料刊行会　1955 年
○ サミュエル・スマイルズ著・中村正直訳『西国立志編』講談社　1991 年
○『群馬の生糸』みやま文庫　1986 年
○『富岡日記・器械糸繰り事始め』みやま文庫　1985 年
○ 矢野四年生『伝記加藤清正』のべる出版企画　2007 年
○『横浜生糸検査所六十年史』農林省横浜生糸検査所　1959 年
○ 速水美智子編　内海孝解題『速水堅曹資料集』文生書院　2014 年
○ 富岡製糸場世界遺産伝道師協会歴史ワーキンググループ現代語訳『生糸改良にかけた生涯』
　飯田橋パピルス　2014 年

〈写真提供〉
　群馬県立文書館
　宮内庁書陵部
　速水壽壯氏　栗本比ろえ氏　小林傳二郎氏　山田耕司氏　川島瑞枝氏

前橋学ブックレット

創刊の辞

　前橋に市制が敷かれたのは、明治25年（1892）4月1日のことでした。群馬県で最初、関東地方では東京市、横浜市、水戸市に次いで四番目でした。

　このように早く市制が敷かれたのも、前橋が群馬県の県庁所在地（県都）であった上に、明治以来の日本の基幹産業であった蚕糸業が発達し、我が国を代表する製糸都市であったからです。

　しかし、昭和20年8月5日の空襲では市街地の8割を焼失し、壊滅的な被害を受けました。けれども、市民の努力によりいち早く復興を成し遂げ、昭和の合併と工場誘致で高度成長期には飛躍的な躍進を遂げました。そして、平成の合併では大胡町・宮城村・粕川村・富士見村が合併し、大前橋が誕生しました。

　近現代史の変化の激しさは、ナショナリズム（民族主義）と戦争、インダストリアリズム（工業主義）、デモクラシー（民主主義）の進展と衝突、拮抗によるものと言われています。その波は前橋にも及び、市街地は戦禍と復興、郊外は工業団地、住宅団地などの造成や土地改良事業などで、昔からの景観や生活様式は一変したといえるでしょう。

　21世紀を生きる私たちは、前橋市の歴史をどれほど知っているでしょうか。誇れる先人、素晴らしい自然、埋もれた歴史のすべてを後世に語り継ぐため、前橋学ブックレットを創刊します。

　ブックレットは研究者や専門家だけでなく、市民自らが調査・発掘した成果を発表する場とし、前橋市にふさわしい哲学を構築したいと思います。

　前橋学ブックレットの編纂は、前橋の発展を図ろうとする文化運動です。地域づくりとブックレットの編纂が両輪となって、魅力ある前橋を創造していくことを願っています。

前橋市長　山本　龍

速水美智子／はやみ・みちこ

（速水堅曹研究会代表）

速水堅曹子孫。2002（平成14）年から速水堅曹に関する研究・講演をおこなっている。富岡製糸場世界遺産伝道師協会、原三溪市民研究会所属。2015（平成27）年から「生糸のまち前橋発信事業」委員。茨城県守谷市在住。

前橋学ブックレット❽

速水堅曹と前橋製糸所
―その「卓犖不羈(たくらくふき)」の生き方―

発 行 日／2016年8月25日 初版第1刷

企　　　画／前橋市文化スポーツ観光部文化国際課
　　　　　　　　　　　　　　　　歴史文化遺産活用室
〒371-8601　前橋市大手町2-12-1　tel 027-898-6992

発　　　行／上毛新聞社事業局出版部
〒371-8666　前橋市古市町1-50-21　tel 027-254-9966

ⓒ Jomo Press 2016 Printed in Japan

禁無断転載・複製
落丁・乱丁本は送料小社負担にてお取り換えいたします。
定価は表紙に表示してあります。
ISBN 978-4-86352-159-9

ブックデザイン／寺澤　徹（寺澤事務所・工房）

― 前橋学ブックレット〈既刊案内〉―

❶日本製糸業の先覚 速水堅曹を語る（2015年）
石井寛治／速水美智子／内海 孝／手島 仁
ISBN978-4-86352-128-5

❷羽鳥重郎・羽鳥又男読本 ―台湾で敬愛される富士見出身の偉人―（2015年）
手島 仁／井上ティナ（台湾語訳）
ISBN978-4-86352-129-2

❸剣聖 上泉伊勢守（2015年）
宮川 勉
ISBN978-4-86532-138-4

❹萩原朔太郎と室生犀星 出会い百年（2016年）
石山幸弘／萩原朔美／室生洲々子
ISBN978-4-86352-145-2

❺福祉の灯火を掲げた 宮内文作と上毛孤児院（2016年）
細谷啓介
ISBN978-4-86352-146-9

❻二宮赤城神社に伝わる式三番叟（2016年）
井野誠一
ISBN 978-4-86352-154-4

❼楫取素彦と功徳碑（2016年）
手島 仁
ISBN 978-4-86352-156-8

各号　定価：本体 600 円 + 税

9784863521599

1920021006005

ISBN978-4-86352-159-9

C0021 ¥600E

定価：本体 600 円 ＋税

前橋学ブックレット❾

| 玉糸製糸の祖　小渕しち |

前橋市富士見町の農家に生まれ、苦しい生活と古い因習から抜け出し、愛知県豊橋市を全国的に知られた「玉糸製糸の町」に育て上げた偉人

古屋祥子

上毛新聞社
BOOKLet